U0163445

AN ESSAY ON THE PSYCHOLOGY OF INVENTION IN THE MATHEMATICAL FIELD

[法] 阿达玛 ◎ 著

陈植荫 肖奚安 ◎ 译

数学领域中的
发明心理学

SCIENCE & HUMANITIES

04

数学科学文化理念传播丛书
（第一辑 ）

大连理工大学出版社
Dalian University of Technology Press

图书在版编目(CIP)数据

数学领域中的发明心理学／(法)阿达玛著；陈植荫，肖奚安译. -- 大连：大连理工大学出版社，2023.1

(数学科学文化理念传播丛书. 第一辑)

ISBN 978-7-5685-4086-5

Ⅰ. ①数… Ⅱ. ①阿… ②陈… ③肖… Ⅲ. ①数学—思维方法 Ⅳ. ①O1-0

中国版本图书馆 CIP 数据核字(2022)第 250893 号

数学领域中的发明心理学
SHUXUE LINGYU ZHONG DE FAMING XINLIXUE

大连理工大学出版社出版

地址：大连市软件园路 80 号　邮政编码：116023

发行：0411-84708842　邮购：0411-84708943　传真：0411-84701466
E-mail：dutp@dutp.cn　　URL：https://www.dutp.cn

辽宁新华印务有限公司印刷　　　　大连理工大学出版社发行

幅面尺寸：185mm×260mm　　印张：7.5　　字数：116 千字
2023 年 1 月第 1 版　　　　　　　2023 年 1 月第 1 次印刷

责任编辑：王　伟　　　　　　　　责任校对：周　欢
封面设计：冀贵收

ISBN 978-7-5685-4086-5　　　　　　定价：69.00 元

数学科学文化理念传播丛书·第一辑

编 写 委 员 会

丛书顾问 周·道本　王梓坤
　　　　　 胡国定　钟万勰　严士健
丛书主编 徐利治
执行主编 朱梧槚
委　　员 （按姓氏笔画排序）
　　　　　 王　前　　王光明　　冯克勤　　杜国平
　　　　　 李文林　　肖奚安　　罗增儒　　郑毓信
　　　　　 徐沥泉　　涂文豹　　萧文强

总　序

一、数学科学的含义及其
在学科分类中的定位

20 世纪 50 年代初,我曾就读于东北人民大学(现吉林大学)数学系,记得在二年级时,有两位老师[①]在课堂上不止一次地对大家说:"数学是科学中的女王,而哲学是女王中的女王."

对于一个初涉高等学府的学子来说,很难认知其言真谛.当时只是朦胧地认为,大概是指学习数学这一学科非常值得,也非常重要.或者说与其他学科相比,数学可能是一门更加了不起的学科.到了高年级时,我开始慢慢意识到,数学与那些研究特殊的物质运动形态的学科(诸如物理、化学和生物等)相比,似乎真的不在同一个层面上.因为数学的内容和方法不仅要渗透到其他任何一个学科中去,而且要是真的没有了数学,则无法想象其他任何学科的存在和发展了.后来我终于知道了这样一件事,那就是美国学者道恩斯(Douenss)教授,曾从文艺复兴时期到 20 世纪中叶所出版的浩瀚书海中,精选了 16 部名著,并称其为"改变世界的书".在这 16 部著作中,直接运用了数学工具的著作就有 10 部,其中有 5 部是属于自然科学范畴的,它们分别是:

(1) 哥白尼(Copernicus)的《天体运行》(1543 年);

(2) 哈维(Harvery)的《血液循环》(1628 年);

(3) 牛顿(Newton)的《自然哲学之数学原理》(1729 年);

(4) 达尔文(Darwin)的《物种起源》(1859 年);

(5) 爱因斯坦(Einstein)的《相对论原理》(1916 年).

另外 5 部是属于社会科学范畴的,它们是:

---

① 此处的"两位老师"指的是著名数学家徐利治先生和著名数学家、计算机科学家王湘浩先生.当年徐利治先生正为我们开设"变分法"和"数学分析方法及例题选讲"课程,而王湘浩先生正为我们讲授"近世代数"和"高等几何".

（6）潘恩（Paine）的《常识》（1760 年）；

（7）史密斯（Smith）的《国富论》（1776 年）；

（8）马尔萨斯（Malthus）的《人口论》（1789 年）；

（9）马克思（Max）的《资本论》（1867 年）；

（10）马汉（Mahan）的《论制海权》（1867 年）．

在道恩斯所精选的 16 部名著中，若论直接或间接地运用数学工具的，则无一例外．由此可以毫不夸张地说，数学乃是一切科学的基础、工具和精髓．

至此似已充分说明了如下事实：数学不能与物理、化学、生物、经济或地理等学科在同一层面上并列．特别是近 30 年来，先不说分支繁多的纯粹数学的发展之快，仅就顺应时代潮流而出现的计算数学、应用数学、统计数学、经济数学、生物数学、数学物理、计算物理、地质数学、计算机数学等如雨后春笋般地产生、存在和发展的事实，就已经使人们去重新思考过去那种将数学与物理、化学等学科并列在一个层面上的学科分类法的不妥之处了．这也是多年以来，人们之所以广泛采纳"数学科学"这个名词的现实背景．

当然，我们还要进一步从数学之本质内涵上去弄明白上文所说之学科分类上所存在的问题，也只有这样才能使我们在理性层面上对"数学科学"的含义达成共识．

当前，数学被定义为从量的侧面去探索和研究客观世界的一门学问．对于数学的这样一种定义方式，目前已被学术界广泛接受．至于有如形式主义学派将数学定义为形式系统的科学，更有如形式主义者柯亨（Cohen）视数学为一种纯粹的在纸上的符号游戏，以及数学基础之其他流派所给出之诸如此类的数学定义，可谓均已进入历史博物馆，在当今学术界，充其量只能代表极少数专家学者之个人见解．既然大家公认数学是从量的侧面去探索和研究客观世界，而客观世界中任何事物或对象又都是质与量的对立统一，因此没有量的侧面的事物或对象是不存在的．如此从数学之定义或数学之本质内涵出发，就必然导致数学与客观世界中的一切事物之存在和发展密切相关．同时也决定了数学这一研究领域有其独特的普遍性、抽象性和应用上的极端广泛性，从而数学也就在更抽象的层面上与任何特殊的物质运动形式息息相关. 由此可见, 数学与其他任何研究特殊的物质运动形态的学科相比, 要高出一个层面. 在此或许可以认为, 这也就是本人少时所闻之"数学是科学中的女王"一语的某种肤浅的理解.

再说哲学乃是从自然、社会和思维三大领域, 即从整个客观世界的存在及其存在方式中去探索科学世界之最普遍的规律性的学问, 因而哲学是关于整个客观世界的根本性观点的体系, 也是自然知识和社会知识的最高概括和总结. 因此哲学又要比数学高出一个层面.

这样一来, 学科分类之体系结构似应如下图所示:

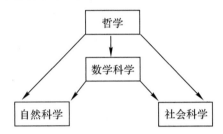

如上直观示意图的最大优点是凸显了数学在科学中的女王地位, 但也有矫枉过正与骤升两个层面之嫌. 因此, 也可将学科分类体系结构示意图改为下图所示:

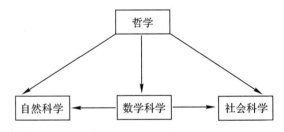

如上示意图则在于明确显示了数学科学居中且与自然科学和社会科学相并列的地位, 从而否定了过去那种将数学与物理、化学、生物、经济等学科相并列的病态学科分类法. 至于数学在科学中之"女王"地位, 就只能从居中角度去隐约认知了. 关于学科分类体系结构之如上两个直观示意图, 究竟哪一个更合理, 在这里就不多议了, 因为少时耳闻之先入为主, 往往会使一个人的思维方式发生偏差, 因此留给本丛书的广大读者和同行专家去置评.

二、数学科学文化理念与文化 素质原则的内涵及价值

数学有两种品格,其一是工具品格,其二是文化品格.对于数学之工具品格而言,在此不必多议.由于数学在应用上的极端广泛性,因而在人类社会发展中,那种挥之不去的短期效益思维模式必然导致数学之工具品格愈来愈突出和愈来愈受到重视.特别是在实用主义观点日益强化的思潮中,更会进一步向数学纯粹工具论的观点倾斜,所以数学之工具品格是不会被人们淡忘的.相反地,数学之另一种更为重要的文化品格,却已面临被人淡忘的境况.至少数学之文化品格在今天已不为广大教育工作者所重视,更不为广大受教育者所知,几乎到了只有少数数学哲学专家才有所了解的地步.因此我们必须古识重提,并且认真议论一番数学之文化品格问题.

所谓古识重提指的是:古希腊大哲学家柏拉图(Plato)曾经创办了一所哲学学校,并在校门口张榜声明,不懂几何学的人,不要进入他的学校就读.这并不是因为学校所设置的课程需要几何知识基础才能学习,相反地,柏拉图哲学学校里所设置的课程都是关于社会学、政治学和伦理学一类课程,所探讨的问题也都是关于社会、政治和道德方面的问题.因此,诸如此类的课程与论题并不需要直接以几何知识或几何定理作为其学习或研究的工具.由此可见,柏拉图要求他的弟子先行通晓几何学,绝非着眼于数学之工具品格,而是立足于数学之文化品格.因为柏拉图深知数学之文化理念和文化素质原则的重要意义.他充分认识到立足于数学之文化品格的数学训练,对于陶冶一个人的情操,锻炼一个人的思维能力,直至提升一个人的综合素质水平,都有非凡的功效.所以柏拉图认为,不经过严格数学训练的人是难以深入讨论他所设置的课程和议题的.

前文指出,数学之文化品格已被人们淡忘,那么上述柏拉图立足于数学之文化品格的高智慧故事,是否也被人们彻底淡忘甚或摒弃了呢?这倒并非如此.在当今社会,仍有高智慧的有识之士,在某些高等学府的教学计划中,深入贯彻上述柏拉图的高智慧古识.列举两个典型示例如下:

例 1,大家知道,从事律师职业的人在英国社会中颇受尊重.据悉,英国律师在大学里要修毕多门高等数学课程,这既不是因为英国的法律条文一定要用微积分去计算,也不是因为英国的法律课程要以高深的数学知识为基础,而只是出于这样一种认识,那就是只有通过严格的数学训练,才能使之具有坚定不移而又客观公正的品格,并使之形成一种严格而精确的思维习惯,从而对他取得事业的成功大有益助.这就是说,他们充分认识到数学的学习与训练,绝非实用主义的单纯传授知识,而深知数学之文化理念和文化素质原则,在造就一流人才中的决定性作用.

例 2,闻名世界的美国西点军校建校超过两个世纪,培养了大批高级军事指挥员,许多美国名将也毕业于西点军校.在该校的教学计划中,学员除了要选修一些在实战中能发挥重要作用的数学课程(如运筹学、优化技术和可靠性方法等)之外,还要必修多门与实战不能直接挂钩的高深的数学课.据我所知,本丛书主编徐利治先生多年前访美时,西点军校研究生院曾两次邀请他去做"数学方法论"方面的讲演.西点军校之所以要学员必修这些数学课程,当然也是立足于数学之文化品格.也就是说,他们充分认识到,只有经过严格的数学训练,才能使学员在军事行动中,把那种特殊的活力与高度的灵活性互相结合起来,才能使学员具有把握军事行动的能力和适应性,从而为他们驰骋疆场打下坚实的基础.

然而总体来说,如上述及的学生或学员,当他们后来真正成为哲学大师、著名律师或运筹帷幄的将帅时,早已把学生时代所学到的那些非实用性的数学知识忘得一干二净.但那种铭刻于头脑中的数学精神和数学文化理念,仍会长期地在他们的事业中发挥着重要作用.亦就是说,他们当年所受到的数学训练,一直会在他们的生存方式和思维方式中潜在地起着根本性的作用,并且受用终身.这就是数学之文化品格、文化理念与文化素质原则之深远意义和至高的价值所在.

三、"数学科学文化理念传播丛书"
出版的意义与价值

有现象表明,教育界和学术界的某些思维方式正深陷于纯粹实用主义的泥潭,而且急功近利、短平快的病态心理正在病入膏肓.因此,推出一套旨在倡导和重视数学之文化品格、文化理念和文化素质的丛书,一定会在扫除纯粹实用主义和诊治急功近利病态心理的过程中起到一定的作用,这就是出版本丛书的意义和价值所在.

那么究竟哪些现象足以说明纯粹实用主义思想已经很严重了呢?详细地回答这一问题,至少可以写出一本小册子来.在此只能举例一二,点到为止.

现在计算机专业的大学一、二年级学生,普遍不愿意学习逻辑演算与集合论课程,认为相关内容与计算机专业没有什么用.那么我们的教育管理部门和相关专业人士又是如何认知的呢?据我所知,南京大学早年不仅要给计算机专业本科生开设这两门课程,而且要开设递归论和模型论课程.然而随着思维模式的不断转移,不仅递归论和模型论早已停开,逻辑演算与集合论课程的学时也在逐步缩减.现在国内坚持开设这两门课的高校已经很少了,大部分高校只在离散数学课程中给学生讲很少一点逻辑演算与集合论知识.其实,相关知识对于培养计算机专业的高科技人才来说是至关重要的,即使不谈这是最起码的专业文化素养,难道不明白我们所学之程序设计语言是靠逻辑设计出来的?而且柯特(Codd)博士创立关系数据库,以及施瓦兹(Schwartz)教授开发的集合论程序设计语言 SETL,可谓全都依靠数理逻辑与集合论知识的积累.但很少有专业教师能从历史的角度并依此为例去教育学生,甚至还有极个别的专家教授,竟然主张把"计算机科学理论"这门硕士研究生学位课取消,认为这门课相对于毕业后去公司就业的学生太空洞,这真是令人瞠目结舌.特别是对于那些初涉高等学府的学子来说,其严重性更在于他们的知识水平还不了解什么有用或什么无用的情况下,就在大言这些有用或那些无用的实用主义想法.好像在他们的思想深处根本不知道高等学府是培养高科技人才的基地,竟把高等学府视为专门培训录入、操作与编程等技工的学校.因此必须让教育者和受教育者明白,用多少学多少的教学模式只能适用于某种技能的培训,对于培养高科技人才来说,此类纯粹实用主义的教学模式是十分可悲的.不仅误人子弟,而且任其误入歧途继续陷落下去,必将直接危害国家和社会的发展前程.

　　另外,现在有些现象甚至某些评审规定,所反映出来的心态和思潮就是短平快和急功近利,这样的软环境对于原创性研究人才的培养弊多利少.杨福家院士说:[①]

　　"费马大定理是数学上一大难题,360多年都没有人解决,现在一位英国数学家解决了,他花了9年时间解决了,其间没有写过一篇论文.我们现在的规章制度能允许一个人9年不出文章吗?

　　"要拿诺贝尔奖,都要攻克很难的问题,不是灵机一动就能出来的,不是短平快和急功近利就能够解决问题的,这是异常艰苦的长期劳动."

　　据悉,居里夫人一生只发表了7篇文章,却两次获得诺贝尔奖.现在晋升副教授职称,都要求在一定年限内,在一定级别杂志上发表一定数量的文章,还要求有什么奖之类的,在这样的软环境里,按照居里夫人一生中发表文章的数量计算,岂不只能当个老讲师?

　　清华大学是我国著名的高等学府,1952年,全国高校进行院系调整,在调整中清华大学变成了工科大学.直到改革开放后,清华大学才开始恢复理科并重建文科.我国各层领导开始认识到世界一流大学均以知识创新为本,并立足于综合、研究和开放,从而开始重视发展文理科.11年前,清华人立志要奠定世界一流大学的基础,为此而成立清华高等研究中心.经周光召院士推荐,并征得杨振宁先生同意,聘请美国纽约州立大学石溪分校聂华桐教授出任高等中心主任.5年后接受上海《科学》杂志编辑采访,面对清华大学软环境建设和我国人才环境的现状,聂华桐先生明确指出[②]:

　　"中国现在推动基础学科的一些办法,我的感觉是失之于心太急.出一流成果,靠的是人,不是百年树人吗?培养一流科技人才,即使不需百年,却也绝不是短短几年就能完成的.现行的一些奖励、评审办法急功近利,凑篇数和追指标的风气,绝不是真心献身科学者之福,也不是达到一流境界的灵方.一个作家,您能说他发表成百上千篇作品,就能称得上是伟大文学家了吗?画家也是一样,真正的杰出画家也只凭

---

①　王德仁等,杨福家院士"一吐为快——中国教育5问",扬子晚报,2001年10月11日A8版.
②　刘冬梅,营造有利于基础科技人才成长的环境——访清华大学高等研究中心主任聂华桐,科学,Vol.154,No.5,2002年.

少数有创意的作品奠定他们的地位.文学家、艺术家和科学家都一样,质是关键,而不是量.

"创造有利于学术发展的软环境,这是发展成为一流大学的当务之急."

面对那些急功近利和短平快的不良心态及思潮,前述杨福家院士和聂华桐先生的一番论述,可谓十分切中时弊,也十分切合实际.

大连理工大学出版社能在审时度势的前提下,毅然决定立足于数学文化品格编辑出版"数学科学文化理念传播丛书",不仅意义重大,而且胆识非凡.特别是大连理工大学出版社的刘新彦和梁锋等不辞辛劳地为丛书的出版而奔忙,实是智慧之举.还有88岁高龄的著名数学家徐利治先生依然思维敏捷,不仅大力支持丛书的出版,而且出任丛书主编,并为此而费神思考和指导工作,由此而充分显示徐利治先生在治学领域的奉献精神和远见卓识.

序言中有些内容取材于"数学科学与现代文明"①一文,但对文字结构做了调整,文字内容做了补充,对文字表达也做了改写.

朱梧槚

2008 年 4 月 6 日于南京

---

① 1996 年 10 月,南京航空航天大学校庆期间,名誉校长钱伟长先生应邀出席庆典,理学院名誉院长徐利治先生应邀在理学院讲学,老友朱剑英先生时任校长,他虽为著名的机械电子工程专家,但从小喜爱数学,曾通读《古今数学思想》巨著,而且精通模糊数学,又是将模糊数学应用于多变量生产过程控制的第一人.校庆期间钱伟长先生约请大家通力合作,撰写《数学科学与现代文明》一文,并发表在上海大学主办的《自然杂志》上.当时我们就觉得这个题目分量很重,要写好这个题目并非轻而易举之事.因此,徐利治、朱剑英、朱梧槚曾多次在一起研讨此事,分头查找相关文献,并列出提纲细节,最后由朱梧槚执笔撰写,并在撰写过程中,不定期会面讨论和修改补充,终于完稿,由徐利治、朱剑英、朱梧槚共同署名,分为上、下两篇,作为特约专稿送交《自然杂志》编辑部,先后发表在《自然杂志》1997,19(1):5-10 和 1997,19(2):65-71.

译者序

《数学领域中的发明心理学》是法国著名数学家阿达玛的一本名著,本书在 1945 年初版发行,后又几经再版重印,并被译为几种文字,影响甚大,是一本数学方法论方面的经典著作.

阿达玛在数学的许多分支中都有重要贡献.1896 年,他应用整函数的理论,证明了解析数论中的一个中心定理,即著名的素数定理;1903 年,他在《关于波的传播的讲义》中,把特征理论推广到了任意阶偏微分方程;他还于 20 世纪初开创了泛函的研究,"泛函"的名称是属于他的.此外,他在复变函数论和代数理论等方面也都有重要的贡献.

由这样一位有杰出贡献的著名数学家来研究数学领域中的"发明心理学",当然具有特殊的优势,因为他可以时时内省,并以自己从事数学创造活动的实际经验来检验和丰富他关于数学发明的理论,从而使之更具有说服力.

阿达玛在本书中追随亨利·庞加莱在巴黎心理学大会(1937 年)上的著名讲演的思想,着重论述了以"无意识思维"为核心的数学发明心理过程,给人以强烈的印象.概括说来,他和庞加莱的观点有如下几点:

一、在数学的(乃至一般的)发明创造过程中,往往存在着创造灵感,或称之曰"顿悟"的现象.这种顿悟的出现,既不能简单地归之于机遇,又不能无谓地说成是逻辑推理"对中间阶段的跨越",而是经历了一种很复杂的、至今尚未被我们完全认识的"无意识思维"过程之后的结果.

所谓无意识思维,乃是指思维者本人既没有意识到它的存在,又没有受到意识支配的一种思维过程.大量的例子表明,这种思维过程是确实存在的.而且一旦承认了无意识思维的存在性,顿悟现象便得到很好的科学解释.

二、无意识思维在发明创造中占有举足轻重的地位,而且这是由发明的本质所决定的.任何领域中的发明,都是以思想组合的方式进行的.即发明就是将各种"观念原子"(这是庞加莱用以描述各种基本思想元素的一个形象化的比喻)进行千千万万的组合,再从中选出有用的组合,而这种选择的标准是"科学的美感".在发明过程的组合与选择这两个步骤中,由于无意识思维不受理智的条条框框的约束,而仅仅服从于人的直觉中和谐的美感,因而比有意识的思维过程更为深刻和奏效.

三、发明的整体过程可以分为四个阶段.一是准备阶段,此时是有意识的工作,但常常不能得到预期的结果;二是酝酿阶段,即暂时丢开手头的工作,而去做些其他事情,或去休息一下,无意识思维却已由此而开动起来;三是顿悟阶段,此时问题的答案或证明的途径已经出乎预料地突然出现了;四是整理阶段,即将顿悟时所感觉到的那些结果严格地加以证明,并将其过程精确化,同时又可为下一步研究做好必要的准备.

有时,顿悟也会出现在"准备阶段"的末尾,此时当然就不存在酝酿阶段了,然而许多重要的发现都不是进行了一段有意识的工作之后就能奏效的.因而,阿达玛所指出的酝酿阶段的无意识工作,乃是发明过程中的一个重要阶段.

四、本书的后半部分还从不同的角度谈到直觉思维对于数学发明创造的特别重要的作用.首先,虽然在交流阶段,思想的载体必须是语言,而且必须是严格而准确的语言,但在创造阶段,科学家的思维载体却往往是各种各样的且因人因事而异的符号、图表或其他形象,即此时的思维方式往往是形象的和直觉的,而不是逻辑的.其次,直觉型思维的无意识程度较深,且散射面较宽,但逻辑型思维的无意识程度却较浅,且散射面较窄,因而两相比较,直觉型思维更有利于创新.最后,书中还有诸如费马大定理、黎曼猜想、伽罗瓦关于一类积分的周期的知识,庞加莱关于变分计算中一个极小值的充分条件等一系列著名例子,用以说明:虽然严格的逻辑推导可能要很久之后才能做出,甚至直到今天还未能做出,但这些天才人物的惊人的直觉洞察力,却能准确无误地预见到结果,这又从另一个角度说明了直觉型思维在发明创造中具有逻辑型思维所无法取代的重要作用.

以上只是极为简略地概括了本书的主要论点,但这也是后人所经常引用并加以发展的几方面内容,而且读者也已能由此而窥见本书的丰富性和深刻性.它不仅是一本关于数学方法的论著,而且是一本能够让学习数学和研究数学的人们从中认识到关于数学发明的一般思维规律的著作,因此阅读本书,能使人更自觉地按照这种规律去调节自己的工作节奏.这更是一本有关思维科学的学术著作,心理学家和思维科学工作者都可从中发掘出种种有待深入研究的课题.例如,关于如何训练人的无意识思维的课题,就不仅具有理论意义,而且具有重大的实际意义.书中还描述了许多科学家进行科学研究时的生动情景,摘引了他们的不同论述,从而更增添了本书的可读性.

当然,我们又不能认为本书的所有观点都是正确而无懈可击的.实际上,就如作者关于"天才乃是大自然的造化,并独立于任何教育"的说法,以及关于动物也存在意识等观点,就不可盲目相信或接受了.书中所引的一些史料也与我们常见的有所不同,对此,我们在译本中做了注解或说明.

本书译自1954年版的英文本.原书有许多注释,多是标明出处或对正文的某些解释,考虑到篇幅所限,我们将这些注释都删去了.另外,书中所涉及的为数众多的科学家、数学家以及数学定理,我们都没有一一详细加以介绍,其理由可用原书所引之庞加莱的一段话来说明:"……重要的不是定理本身,而是发现这个定理时的种种情形."阅读本书,也不是为了弄清几个数学定理或几个科学家的身世,而是为了了解发明创造中的种种心理过程.

这样一本名著一直未有中译本,的确是令人遗憾的.我们有机会将其译成中文出版而奉献给读者,实感欣慰.但由于我们水平所限,译文难免有不妥之处,敬请读者批评指正.

译　者

序

……我已经在如此的环境下发现了这个定理的证明.这个定理有一个很生疏的名字,恐怕我们之中大多数人都不熟悉它.但这一点无关紧要,对于心理学家来说,重要的不是定理本身,而是发现这个定理时的种种情况.

——亨利·庞加莱

本书和其他许多有关数学发明创造的论著一样,都应溯源到亨利·庞加莱在巴黎心理学学会上的那篇著名讲演.我初次接触这个论题是在巴黎综合中心的一次会议上(1937年),而我对它所做的进一步研究,则已被包括在1943年于纽约私立(教会)高等学校(Ecole Libre des Hautes Ettdes)所做的一个内容甚为广泛的讲演之中.

在这里,我要对普林斯顿大学出版社的朋友们表示感谢,感谢他们在出版本书的过程中所给予我的真诚帮助和热情支持.

阿达玛

1944年8月21日于纽约

前　言

关于本书的书名,有两个问题必须加以说明.

首先,我们使用的是"发明"这个词,然而,似乎应该用"发现"这个词显得更为确切."发现"和"发明"这两个词的区别是众所周知的:发现是针对那种业已存在,但在此之前却无人知道的情况而说的,例如,哥伦布(Columbus)发现了美洲大陆,但美洲在哥伦布知道它之前就早已存在;相反地,富兰克林(Franklin)发明了避雷针,而在此之前却根本不存在避雷针.

然而经过一番仔细考虑后,却又会感到这两个词的区别并不那么明显了.托里拆利(Torricelli)曾注意到这样一个事实:当把一个真空的管子倒过来插在水银池里时,水银就会上升到一个确定的高度.这是一个发现,但他也由此而发明了气压表.诸如此类的例子还有很多,它们既可以说是发现,又可以说是发明.比如,富兰克林关于避雷针的发明和他关于雷电的发现,可以说几乎没有什么区别.这就是我们并不太关心"发现"和"发明"之区别的原因.事实上,两者在心理学的意义上没有什么差别,而往往被视为一致的.其次,我们的书名是《数学领域中的发明心理学》,而不是《数学发明心理学》,这也许能使我们更容易注意到,数学发明仅仅是诸多发明中的一种,而发明创造活动在科学、技术、文学、艺术等各个领域都是广泛地存在着的.

现代哲学家甚至更进一步认为:智力活动,人类生活,都是一种连续不断的发明过程.正如理波特(Ribot)所说:"在科学或艺术上的发明都不过是发明中的特殊情况.事实上,在实际生活中,在机械学、军事学和工业、商业的活动中,在宗教的、社会的和政治的各种研究中,人类都在耗费着心智,并且发挥了如同在其他领域中所发挥的同样丰富的想象力."而伯格森(Bergson)则以他更为深刻、更为广泛的直觉断言:"所谓发明,就是在生活的各个领域中创造新东西,这是连绵不断的人类自身所独有的特征;那些具有聪明才智的学者、富于创造精神的能人以及追求独立自由的志士,都在从事这种活动."这种大胆的断言也曾被梅特切尼柯夫(Metschnikoff)所肯定过.他在他那本关于吞噬细胞的著作的末尾指出:"对于细菌的斗争,不仅仅是吞噬细胞的事情,而且也是人类智力的工作,因为我们创立了细菌学以同细菌作战."

当然,我们并不能就此断言,各种各样的发明都是按同一种方式进行的.正如心理学家梭里奥(Souriau)所曾提到的,艺术领域和科学领域中的发明是有所不同的.艺术享有更大的自由,艺术家仅仅服从于灵感,服从于幻想,所以他们的工作是真正的发明.贝多芬(Beethoven)的交响乐、雷欣(Racine)的悲剧作品都是发明.而科学家就不同了,更确切地说,他们的工作实际上属于发现的范畴.正如我的老师埃尔米特(Hermite)所告诉我的:"我们与其说是数学的主人,不如说是数学的奴仆."因为尽管某一真理至今尚未知晓,但是它却客观地存在着,而且只有一条道路能够通向它,如果离开这条路,我们就会迷失方向.

尽管发现与发明之间存在着区别,但并不排除它们之间存在着许多相似之处,对此我们还将再次论及.1937年,在巴黎综合中心,由于杰出的日内瓦心理学家克拉帕雷德(Claparède)的促进,曾花了整整一个星期的时间来讨论各种不同类型的发明,其中有一个分会专门讨论数学领域中的发明.另外,布罗格利(Broglic)和鲍尔(Bauer)论述了实验科学中的发明,而瓦莱里(Valéry)则分析讨论了诗歌创作中的发明.事实证明,将这些不同领域中的发明情况加以对比是富有成效的.

由于我更熟悉数学,所以让我们来分析、讨论数学这一专门领域中的发明,似乎较为有益.我们要感谢庞加莱的经典讲演,因为这一讲演使我们获知这一领域中的许多重要成果,而这些成果势必有利于我们去了解和认识其他领域中的情况.

阿达马

目　录

一　关于数学心理学的一般考察

对于本书所要讨论的论题,由于前人的努力,我们已经知道了不少;但是,其中仍有许多问题有待于探索和研究,幸运的是我们拥有一批比一般人想象中更丰富、更有条理的资料,因此我们能够应对这些困难.

这里所说的困难,不仅来自问题的内部,而且来自这样一个事实,即我们的论题往往同时牵涉心理学和数学这两个领域,而且愈来愈多的例子表明,这种牵涉往往阻碍着我们的研究进程.不难想象,要想透彻地研究数学中的发明心理学,势必要求研究者既是心理学家又是数学家,然而可以说,迄今还没有这样的人才.所以这一论题历来只是被数学家和心理学家分别地、单方面地从自己的侧面研究过,此外还被神经病学专家讨论过.

一般地说,可以用两种方法进行心理学的研究:其一是"主观"方法,其二是"客观"方法.所谓主观方法,即内省的方法.就是"从内部观察"的方法,也就是说,有关思维方式的信息是思维者本人直接从内部观察他自身的思维过程而得到的.使用这种方法存在一个困难,即思维者可能会扰乱自己的思维,因为思维的过程和观察自身思维的过程几乎是同时进行的,这就难以保证二者不会相互干扰.但是我们将看到,对于"发明"这样一种特定的思维过程,较之其他种类的思维过程而言,所说的这种干扰还不甚可怕.我将采用内部反省的方法进行研究,我认为这是唯一值得采用的可靠方法.不过在这种自我反省的过程中,我将不得不过多地说到自己,这可能会引起某种非议,但我只能在此预先表示歉意了.

所谓客观方法,则是一种"从外部观察"的方法,也就是说,观察思维过程的人并不是思维者本人.这样做,思维过程和观察思维的过程就不会互相干扰.但从另一个角度来说,这样做就只能得到第二手资料,因而其价值也就打了折扣.另外,这种方法还要列举相当多的例子,才能相互比较,而这也很难适用于我们现在所要探讨的论题.诚然,实验科学的一般原则认为,使用这种客观方法是达到如庞加莱所说的"深知"——透彻地了解问题的性质——程度的基本条件,但在诸如"发明"这样一些例外的现象中,数目众多的例子是很难找到的.

1.1 数学"骨相"

客观方法已被广泛地用来研究各种类型的发明,但却还没有用来研究数学的发明.不过尚有一个例外,那就是由著名的加尔(Gall)所创立的一种很古怪的理论.我们在这里略做介绍.该理论根据他的"骨相说"原则,认为人的才能不仅与大脑的某些部位有联系,而且与脑壳的某些部位也有联系.加尔确有许多了不起的见解,而且他是大脑皮层分区理论的创立者,但这个"骨相说"原则,正如近代一些神经病学专家所认为的,却是一个很荒谬的假说.根据此原则,人的数学能力是由头盖骨上的一个隆起部分,即一个局部的骨相决定的.

加尔的思想在 1900 年被一个神经病学专家莫比乌斯(Möbius)所继承.莫比乌斯的祖父是一个数学家,他自己却缺乏数学的专门知识.

莫比乌斯写了一本书,按一位神经病学专家的观点,对数学能力做了相当广泛而深入的研究.书中包括诸如数学家的家谱、本人的经历和数学之外的才能等各方面的丰富资料,从而使该书饶有趣味.虽然该书中的一些重要资料是颇有价值的,但就全书而论,实际上并没有提出什么新颖的观点,至多只有一个关于数学家的艺术爱好的观点可算作例外.莫比乌斯证实了一个实际上早就流传的观点,即数学家都很喜欢音乐,因而他断定,数学家对于其他艺术也是很有兴趣的.莫比乌斯基本上同意加尔的结论,虽然他们在使用数学符号是否描述得更为明白或更加灵活等问题上还有些不同的意见.

尽管如此,加尔-莫比乌斯的"骨相说"并没有得到普遍承认.解剖学家和神经病学专家都很激烈地反对加尔,因为加尔所认定的那个"大脑形状与脑壳形状相一致""骨相说"原则是不准确的.

我们不打算在这个问题上逗留过久,还是把它留给专家们去讨论更为合适.然而仅就数学的角度讨论一下这个问题,也许不无益处.人们对于那个"骨相说"的观点,很快就会提出一些与之对立的问题:是否存在着什么专门的"数学才能"的定义? 数学的创造发明和其他方面的创造发明究竟有没有联系? 在中学里很少有这样的情况,即某个学生在数学上是第一名,而在其他学科上却属于最差的行列.在更高的层次上也一样:在杰出的数学家中,有相当一部分人同时又是其他领域中的发明家.例如大数学家高斯(Gauss),曾在磁学中做过很重要和很经典的实验.又如牛顿(Newton)在光学中的基本发现是众所周知的.难道说笛卡儿(Descartes)和莱布尼茨(Leibniz)的头脑中仅仅有数学才能或哲学才能吗?

此外,还有一个与之相对应的问题.我们以后将会看到并不存在什么单一类型的数学智能,事实上有着好几种类型的数学智能,它们之间所存在的明显区别就使人难以相信,所有这些不同的智能都是由大脑的某一种形状决定的.

当然,若把加尔的原则做如下的广义解释,即认为数学能力是依赖于大脑的结构和生理活动的,那么上述种种矛盾问题就不复存在了.然而加尔和莫比乌斯本人的解释却并非如此.

一般说来,我们必须承认,虽然精神的官能初看起来似乎简单,但在实际上却是由多种功能并按人们所意想不到的方式复合而成的.用观察大脑受伤以后的情况这一客观方法,人们已经发现,语言官能就是由好几种不同的功能组成的,而语言官能是人们研究得最好的一种官能.这就表明加尔关于"大脑皮层是分区的"说法是确实的;但又并不像他所说的那样,各种官能与各个分区之间有着简单而精确的对应关系.

有充分的理由认为:数学官能的复杂程度至少不亚于语言官能,因而有关数学官能的研究资料不仅现在没有,而且恐怕今后也不会有如语言官能的研究资料那么多,但我们可以借助于研究后者的情况去了解前者.

1.2 心理学家关于这个问题的观点

许多心理学家只研究一般的发明,而没有专门研究数学发明的特殊情形.我只想谈其中的两个人:一个是梭里奥(Suoriau),另一个是波朗(Paulhan).这两位心理学家的观点形成了明显的对照.好像是梭里奥在 1881 年首先提出,发明纯粹是由机遇产生的,但波朗却在 1901 年表示坚信关于逻辑和因果关系的经典理论.他俩在研究方法上也有所不同,这可以从他们在工作日程的细微差别上看出来,当波朗到其他科学家和发明者那里去调查时,梭里奥还几乎什么都没做.然而奇怪的是,梭里奥反而得到了一些很准确的结论.当然他也有一些错误,这将在后面谈到.

后来,关于这个问题的最重要的研究是 1937 年在巴黎综合中心做出的,这一点我们已在前言中提到过.

1.3 对数学家的调查表

现在还是让我们回到数学家中来吧.数学家马耶(Maillet)首先开始对数学家的工作方法进行调查.他曾具体地向数学家提出了一个很著名的关于数学梦是否存在的问题.他本人认为,对于那些已经不再考虑的数学问题,其答案很可能在梦中出现.

虽然我们并不绝对否定数学梦的存在性,但实际上,根本不能把数学梦看成很有意义的事情.因为只有美国著名数学家迪克森(Dickson)的回答肯定了数学梦的确存在.他谈到了这样一件事:他的母亲和姨妈在中学里是几何这门课的竞争对手.有一天,她们对一道几何题苦攻了一个晚上,仍然不得其解.入睡以后,他的母亲却在梦中证出了该题,并用很响亮的声音清楚地叙述出来;他的姨妈听到后,立即起床记录下来.第二天上午,他的姨妈在课堂上写出了这道题的证明,而他的母亲却未能证出来.

这份资料是很例外的——其中的一个关键之处在于,叙述此事的人的个人品质如何.或者说,这件事的真实性如何.这是不得而知的.实际上除了这个令人十分奇怪的故事之外,在回答马耶问题的 69 个人中,大部分人都说没有做过诸如此类的数学梦(我自己就从来没有做过),或者只是梦见过一些很荒谬的东西,或者不能正确地说清楚他们所梦见的数学题,其中有 5 个人梦到过不得要领的争论.倒是有一个人肯定他自己做过这种梦,可是因为他是匿名的,故又很难将他考虑在内.

然而,另有一种情况却很容易与数学梦相混淆,这种情况我可以担保它是真实的.这就是,一个考虑很久的问题的答案往往会在醒来的时候突然出现.比如被一个响声突然闹醒时,一个长期寻求的答案会突如其来地闪现于脑海之中,并且求解或证明的方法会完全不同于自己过去的努力方向,这种情景使人终生难忘.我自己是完全相信这种事的.虽然此情此景很容易和所谓数学梦相混淆,但在实际上也不难看出,两者之间是没有什么共同之处的.

我不想在马耶所询问的问题上停留过久,因为在若干年后,一份更重要的调查表出现了.此表是在杰出的日内瓦心理学家克拉帕雷德(Claparede)和弗卢努瓦(Flounoy)的协助下,由一些数学家编制的,它发表在定期出版的《数学教育》(*L'Enseignement Mathématique*)杂志上.此调查表内容甚为广泛,共有 30 多个问题(见附录Ⅰ),这些问题(其中也有关于"数学梦"的问题)分别属于前文中所区分过的两种类型的研究方法.有些属于客观方法,比如:数学家是否受噪声或天气的影响?影响到什么程度?数学家认为学习文学或艺术的课程是有益的还是有害的?如此等等.但另一些问题则更具有自我反省的性质,并且更为直接和深入地触及主体的特征.例如,从事数学创造的人被问及这样的问题:是对阅读前人的论文具有很浓厚的兴趣吗?还是相反,更乐于自己独立地研究问题?又如问及他们有没有把一时难以解决的问题暂时搁置起来,过一段时间再去考虑它的习惯(我自己是经常这样做的,并且我也往往要求初学者这样做).总之,要求这些数学创造者能对自己的发明过程说出些什么来.

1.4　对调查表的批评

读了这个调查表,我们感到其中还缺少一些必要的提问,虽然有些类似的问题已经提到了.例如,虽已问到数学家是否喜爱音乐和诗歌,但却没有进一步问及他们对数学之外的其他学科是否有兴趣,特别是没有问及生物学.埃尔米特曾研究过生物学,这甚至是一门对数学家最为有用的学科,因为在对数学和生物学的共同研究中,往往导致那些深藏而又富有成效的事物被发现.完全类似地,调查表中也曾问及天气的变化对数学家有无影响的问题,甚至问及数学家的创造情绪的热烈和沮丧是否也像天气的冷热阴晴那样交替变化.但在表中却并没有进一步问及数学家的心理状态对自身的影响,特别是数学家所经历的激情对自身的创造力有何影响.其实这才是一个令人关切和真正感兴趣的问题.保罗·瓦莱里在法国哲学协会上也曾提到过这一点,在那里,他指出激情明显地影响着诗歌的创作.看来人们之所以认为某些感情对于诗歌创作更为有利,乃是由于这种感情或多或少地能够直接以诗歌的形式予以表现,当然我们并不能肯定这是一种正确的理由,更不能认为这是唯一的理由.事实上,根据我自己的经验,强烈的激情对不少精神创作都有利,其中也包括数学的创造活动在内.在这一点上,我同意多诺(Daunou)的古怪说法:"在科学中,哪怕是在最严格的学科中,如果不能出现诗一般的激情和才智的闪烁,那么即使像阿基米德(Archimedes)或牛顿这样的天才人物也不会找到真理."

还有一个与发现的天才相关而又更为本质的问题,尽管问题的兴趣是那样明显,却也没有在调查表中出现.这就是数学家仅仅被问到他们是怎样成功的,然而众所周知,数学家不仅有成功,也有失败,而弄清失败的原因,对于我们也是一个至关重要的问题.但在调查表中却没有提到.

这就牵涉到对马耶,还有克拉帕雷德和弗卢努瓦的一个最重要的批评,这就是他们的那些调查表本身在实际上构成了他们难以避免的错误的起因.试问谁能称得上是真正的数学家,特别是谁能称得上是一个可被公认为有贡献的,而且所做的工作都是令人感兴趣的数学家? 实际上,尽管大多数回答提问的人都自称是数学家,但他们的名字却鲜为人知.这就是他们不能很好地弄清并说明他们失败的原因.依我看,失败的原因只有第一流的数学家才能做出确切的回答;然而,在这些回答者中,我们几乎找不出一两个像物理数学家波尔兹曼(Bo-ltzmann)那样的著名人物.而像阿佩尔(Appell)、达布(Darboux)、皮卡尔(Picard)、潘勒韦(Painlevé)这些著名学者却又都没有回答如何失败这个问题,这也许是因为他们对此有所误解.

马耶和上述杂志上的问题的大多数回答者都对失败的原因不感兴趣,为此,我就去问德拉克(Drach)其中原因何在.此人可说是最大胆而又最深刻的数学创造者之一,因而他对那些问题所做的答案是富于建设性的.首先,他同埃尔米特一样,对生物学,尤其是对前面所提及的生物学与数学的共同研究,表现出浓厚的兴趣.此处就涉及这样一个问题,即对于同样在从事数学研究的众多学者而言,他们之间的精神状态也往往会有很大的差异.根据伽罗瓦(Galois)的一个同学回忆,这位有传奇经历的代数学家,在中学时就不喜欢读代数方面的论文,因为他认为,在这些论文中,他了解不到有关作者的品质方面的任何情况.德拉克(他的工作与伽罗瓦很有联系)对此也有相同的看法.他总要指出一些论文,其中作者所做的工作实际上早被别人所做出.还有一种情况,那就是许多对调查表做出回答的所谓数学家,常常是在实际上重复发表他们自己的工作.这也是我的看法.所以最后我认为,似乎在任何情况下,我好像只了解一位真正的发明者,那就是我自己.

1.5　庞加莱的论述

现在还是让我们把那些调查表放到一边去吧,因为正如我们已经说过的,它无法把那些含含糊糊的回答和我们所期望得到的权威人士的回答区别开来.

关于发明所需要的条件,已被近 50 年来最伟大的天才人物所阐明,他的名字为科学界所熟知,而且整个近代数学都在随着他的脉搏跳动.此人就是庞加莱(Poincaré).现在我们着重谈谈他在巴黎心理学学会上的著名的庆贺讲演,这一讲演给意识和无意识的关系、逻辑和因果的关系等基本问题投射了一束灿烂的光.尽管我认为还存在着一些问题,对此我们将在下文中论及,但我同样地认为他在整个讲演中所得到的结论是完全正确的.至少在本书的前五部分中,我们将完全遵循着他的思想来进行探索和研究.

庞加莱的例子取自他自己的最了不起的发现中的一个,即他关于富克斯群和富克斯函数理论的研究,在这个理论中闪烁着他的思想光辉.首先我将引述庞加莱自己的一个说明,这是说我们将要使用一些术语,但并不要求读者一定要明白这些术语的意义.他说:"……我可以说我已经在如此的环境下发现了这个定理的证明.这个定理有一个很生疏的名字,恐怕我们之中大多数人都不熟悉它.但这一点无关紧要.对于心理学家来说,重要的不是定理本身,而是发现这个定理时的种种情形."

这样,我们就将说到富克斯函数了.起先,庞加莱对这种函数冥思苦想了整整两个星期,企图证明它不存在,但这个想法以后被证明是错误的.后来,在一个不眠之夜,并且是在一种我们以后要谈到的特定条件下,他构造出了第一类这种函数.于是,再下一步的工作就是试图找到函数的表达式.

"我想要把这类函数表示成两个级数之商,这个思想是非常自然和有明确目标的,这时我想起了类似于此的椭圆函数的情形.我就自己设想,如果这两个级数存在,它们会有什么样的性质呢?循此向前,并没有遇到什么困难,我构造出了这两个级数,并称之为 θ-富克斯.

"就在此时,我离开了我所居住的地方卡昂(Caen),在矿业学院的资助下,开始了地质考察的旅行生活.旅途中的许多事使我忘掉了我的数学工作.到达康斯坦茨湖(Lake Constance)(又称博登湖),我们要乘一辆马车到其他地方去,就在我把脚放到马车踏板上的一刹那,一个思想突然闪现在我的脑海中,而在此以前,我还从来没有想到过,这个思想就是,我用以定义富克斯函数的变换与非欧几何的变换是等价的.我并没有马上去证明这个思想,因为我当时没有时间去考虑这件事,我继续和马车里的旅伴海阔天空地谈论着其他事情,然而我能感觉得到刚才所获得的这个思想是完全确实的.在旅行结束回到我所居住的卡昂之后,为了能问心无愧,我还是抽空给出了这个思想的证明.

"此后我就把注意力转移到与此有关的一些算术运算问题上去,但没有取得什么成功,并且看起来也不像与我以前的研究工作有什么联系.由于对自己的失败感到厌烦,我到海边去度过了几天,并且考虑了一些其他的事情.有一天早上,当我正在悬岩上散步时,一种新的思想在我的脑海中又和上一次同样地突然闪现出来,而且同样是一种简洁而确定的思想,这个思想就是不定三元二次型的算术变换与非欧几何变换是等价的."

这两个结果使庞加莱认为:肯定存在着另外的富克斯群,因此也就还存在着与他在那个不眠之夜所想到的富克斯函数不同的富克斯函数,以前找到的只是一类特殊情况,而接下来的事情应该是研究普遍的一般情况.然而更严重的困难使得他的工作由此陷于停顿.此时如果坚持不懈地致力于这个问题,或许可以得到好的结果.但他当时没有这样做,即未能克服面临的困难.直到后来,当庞加莱在军队中服役的日子里,跟上两次一样,这一问题却又出乎意料地获解了.

庞加莱为此而补充说:"最令人惊奇的首先是这种'顿悟'的出现,所说的这种'顿悟',乃是在此以前的一段长时间内无意识工作的结果.在我看来,在数学的发明中,这种无意识工作的作用确实是毋庸置疑的."

1.6 观察自己的无意识过程

在考察后面的结论之前,不妨让我们再回头看看庞加莱的那个不眠之夜的情况,因为后来的全部极有意义的工作,几乎都是从那个不眠之夜开始的.事实上,它极富有特色,故在前文中早就提及.

"一天晚上",庞加莱说,"不同于往常的习惯,我喝了浓咖啡,因而辗转反复,难以入眠,众多思绪蜂拥而至,我感到它们在不断地冲突和碰撞……直到最后,它们一一相连,也就是说,形成了一个稳定的组合体."

心理学家对于这种奇怪的现象也许兴趣更大,因为这是一种很反常的情况,而庞加莱让我们知道了,这种情况对他而言,却是经常出现的."在这种情况下,我们似乎处于自身的无意识工作状态,虽然也部分地感到有某些超兴奋的有意识思维成分,但总的来说,并不能改变无意识的特征.于是,我们就只能含含糊糊地领略到两种思维机制(或者如果你愿意的话,也可叫作两种'自我工作方法')的区别."

但这种能够置身于自身之外去观察自己的思想,以及能够在下意识思想状态中进行工作的能力,看来仅为庞加莱所具有.我不仅自己从来没有产生过这种了不起的感觉,而且也从来没有听到其他人说过诸如此类的情况.

1.7 其他领域中的例子

庞加莱在他讲演的其余部分,所论及的倒是与各行各业的研究者都有关系的,并为大家所共有的东西.例如,庞加莱以高斯所获证的一个算术定理的情况为例,阐明这种顿悟的特征.该定理高斯曾搞了好几年而没有证出来,"但在两天之前,"高斯当时说道,"我突然证出来了,这简直不是我自己努力的结果,而是由于上帝的恩赐——如同一道闪电那样突然出现在我脑海之中,而且问题就这样解决了.我自己也说不清现在这种思路与以前我所认为颇有成功希望的想法之间究竟存在什么联系."

对于我自己的情况已无须反复详述.总之,我领悟问题时的情况也是完全类似并且是典型的.呈现于我面前的解答往往是:(1)与我前些日子的努力似乎毫无关系,因而难以认为是以前工作的结果;(2)出现得非常突然,几乎无暇细想.

这种突然性和自发性,在若干年之前也曾被当代科学的伟大学者亥姆霍兹(Helmholtz)指出过.他在 1896 年的一个重要讲话中就曾谈到过这一点.由于亥姆霍兹和庞加莱的讲话,这种情况已被认为是任何一类发明所共有的.格拉哈姆·沃拉斯(Graham Wallas)在他的《思维的艺术》一文中,提议将这种现象称为"顿悟".在顿悟之前一般得有一个酝酿阶段,在此阶段,研究似乎完全中断,问题也仿佛被丢弃一边.这种顿悟甚至在前面所说的调查表的某些回答中也有提到.另外,有些物理学家比如郎之万(Langevin),还有些化学家比如奥斯特瓦德(Ostwald),都告诉我们说,他们也经历过这种状态.我们再举两个别的领域中的例子.其中之一曾吸引过心理学家波朗,这就是莫扎特(Mozart)的一封著名的信:

"当我感觉良好并又处于优美的情绪中时,当我乘车外出兜风之时,当我美餐一顿之后出去散步之时,或者当我夜晚难以入眠时,往往各种思绪即如我所希冀的那样流畅地涌现在我的脑海中.它们从何而来?它们又如何而至?我常常不得而知,而且我也并没有对此做过什么努力.我只是在脑海中把它们留住,并且轻轻地哼出来;甚至有时我自己也不知道哼了些什么,而是别人告诉我是这么哼的.当我抓住一个旋律之后,另外的旋律就会相继出现,并且自动地依据将要组成的整个乐曲的各种需要而与前一旋律有所联系,这种需要包括:合乎旋律配合法,照顾到各分部的乐器,以及能使这些旋律的片段最后构成完整作品的需要,等等.此时,我激情奔放、全神贯注,作品在不自觉地形成;我继续扩展它,它也愈来愈清晰,而且不管它有多么长,过程总会继续进行,直到整个作品在我脑海中完整地出现为止.此时,我的心灵对于整个乐曲的贯注,就像我的眼睛对于一幅美丽的图画或一名漂亮的少女的凝视一样地入神.虽然它的一些细节还有待于继续推敲,但就整体而言,我已经能够倾听到这首乐曲的动人心弦的演奏了.

"现在的问题是,我创作出来的音乐作品为什么一定会具有我的风格,即莫扎特的风格,而不具有旁人的风格,正如我的鼻子是大的而且是鹰钩状的,这是莫扎特的鼻子,而不是别人的鼻子一样.其实在开始作曲时,我并没有有意识地想使作品具有我的风格,我也不知如何去描写我的风格.但此事是很自然的,一个人如果真正具有某种特征,那他就不仅在外表上,而且是在内在的本质上,都有一种不同于他人的特征."

拉马丁(Lamartine)是一个喜欢即兴作诗的人,他曾描述过诗歌灵感如何自然发生的情景.杰出的诗人保罗·瓦莱里在法国哲学协会发表过更为精彩的议论,他说:

"从事写作的人都有过灵感闪光的经历.在灵感到来之时,一些原先零碎的东西会极简洁而又极迅速地组合起来.此时,心里会感到突然明白了,但又远不是整个地全都清楚了.更确切地说,此时我们相信,再经过一些努力,即可完成新的成果.我曾观察过我自己灵感到来时的情况,此时如同射入了一束微弱的闪光,也就是这种闪光并没有明亮到令人目眩的程度.这种情况可被称作是'注意到'或'醒悟到',此时虽还不是全部清楚明白,但却可以相信,很快即可弄清楚了.此时我们能够说'我已经知道了,但到明天我还将明白得更多'.如此,即可看出客观地存在着一种能动作用,存在着一种与此有关的特殊敏感:你可以走进一个暗室中去继续思索,而图像依然会在你眼前明亮地显现.

"我不敢肯定我已经说清楚了,因为这确实是难以描述的."

类似地,英国诗人豪斯曼(Housman)在剑桥所做的一个讲演中(见他的一本有价值的小册子《诗歌的名字和本质》)也描述了自发的,而且几乎是一种不自觉的创造性活动,在最后却又被一种完全自觉的工作方式取代而加以完成的情况.

类似的现象还往往出现在日常生活中.有时会怎么想也想不起来某个人或某个地方的名字,只好不再去想它了,但后来却又会突然记起它来.

在发明的过程中,这种情况更是经常发生.雷米·德·戈蒙特(Remy de Gourmout)曾这样说过:"用以正确表达思想的词常常是这样出现的,即你长时间地寻觅它,却毫无收效,但在你思考其他事情的时候,它却不可思议地突然出现了.这种情况使我们很感兴趣,因为虽然这还属于日常生活的范围,但这种特征明显地与前面说过的相类似,已经属于发明的范畴了."

有一句著名的格言也是这样说的:"今日不成,明朝可能(Sleep on it)."如果我们以现代哲学家的认识而广义地去理解这句话,则它也属于发明的领域,就像我们在前言中所说过的那样.

1.8　机遇之说

生物学家查尔斯·尼科尔(Charles Nicolle)也曾注意到创造灵感的事情,并且强烈地坚持它,然而有必要分析一下他对灵感所表达的机遇说观点.

如所知,庞加莱认为灵感是先前的无意识工作中的一个明显的证明,对此,我认为是无可争辩的.

然而,尼科尔似乎不能同意这种说法,或者更准确地讲,他甚至不愿意使用"无意识"这个词.他说:"发明家不知道什么是谨慎,什么是慢慢来,他甚至不去寻找什么坚实的理由和琐碎的论证,而是立即跳进未知的领域.由于这个唯一的行动,他征服了未知,使得迄今尚处于黑暗之中的问题即刻被照亮,这就是创造.它完全不是什么循序渐进,也完全不合逻辑和因果关系.发明纯粹是一种机遇."

这就是机遇理论的最为极端的表现形式,一些心理学家,比如梭里奥,也曾阐明过这种观点.

　　我不仅不能接受此种观点,并且难以理解,像尼科尔这样的科学家怎么会有如此的思想?无论我们怎样尊重尼科尔的崇高品格,我却仍然认为,纯机遇论的阐述等于什么也没有说,更严重的是由此而导致肯定了无原因事件的存在性.尼科尔也许会争辩说,他曾经出色地研究过的白喉或斑疹伤寒中的成就都是纯粹偶然的结果.我们不想在此详细分析机遇的问题,这将在下文讨论.我只想说,机遇仅仅是机遇:它对于尼科尔或者对于庞加莱,甚或对于行走在大街上的每一个人而言,都是平等的.机遇理论无法解释为什么恰恰是尼科尔,而不是他的任何一个护士发现了斑疹伤寒——事实上,其中原因就在于,尼科尔曾长期地从事过这项研究,并且他本人具有非凡的才能.对于庞加莱,他那篇著名讲演中所提及的了不起的直觉中的某几个,或许尚可用机遇学加以解释(即便如此,我也不大相信);然而无论如何,对于他的几乎是接二连三的发明,机遇学说又该如何做出解释呢?须知,他的这些发明遍及了各个领域,他的宏伟的工作几乎构成了数学的所有分支,难道说这些全都能归结为机遇吗?

　　当然,这也并不是说机遇在整个发明过程中就丝毫没有意义,机遇是起作用的,我们将在第三节中看到它是如何在无意识状态上起到它应有的作用的.

二　关于无意识的讨论

虽然严格地说,无意识问题应是专门的心理学家所关心的事,但因它与我们的论题关系紧密,故我们也不得不对此探讨一番.

前已述及,突然的醒悟,或者称之为灵感的事,显然是不能由纯粹的机遇所产生的.也就是说,在发明家的突然醒悟之前,还存在着连发明家自己也不知晓的某种心理过程,用一个专门名词来说,这就是无意识过程.事实上,在研究了以下所列举的许多例子之后,关于无意识的存在问题就将毫无疑义了.

尽管日常生活中的许多例子都表明了无意识的存在,尽管自从圣·奥古斯丁(St. Augustinus)时代以来,它的存在性早已被诸如莱布尼茨这样的大师们所公认,但是仍然有人对它一无所知.甚至有不少学者,硬是把自己已经经历到的这种无意识过程加以神秘化,并把说出这种无意识过程看成有失身份的事情.有些学者则更是顽固地反对无意识现象.很难想象,在 1852 年,也就是在关于无意识现象的研究已经进行了好几个世纪之久的时候,竟然还有人在讨论发明问题时这样写道:"这种得以产生出明确结论或预言的先前阶段的机理,可以由已知的规律很自然地得到解释[?]①:思维完全由类推和习惯在那里进行,思想跳跃了中间阶段."似乎对于中间阶段的跳跃——此时人们既不能说知道,又不能说不知道——就是严格意义上的无意识过程! 在这里,我们不能不想起皮埃尔·雅内特(Pierre Janet)所做的一个实验:他在卡片上画了一个"×",然后要人在不在意的情况下把它擦掉.这个实验实际上说明了无意识状态的存在性,皮埃尔·雅内特

---

① 问号为本书作者阿达玛所加.——译者注

也没有否定这件事.

为了竭尽全力地否定无意识的存在性,哲学家艾尔弗雷德·富耶(Alfred Fouillée)持两种互相矛盾而又极端的态度:他或者认为,在任何情况下只存在有意识,不过某些时候显得较为微弱和不清晰罢了;当这种理论看来难以成立时,他又走向另一个极端,即用完全的条件反射来解释所有的意识活动. 条件反射的存在性当然是毫无疑问的,生理学家对去掉头的青蛙所做的实验早已确认了这一点. 条件反射不再受心理中枢的干涉,而只是由或多或少的外界因素和体内神经元在起作用.

人们可以列举许多众所周知的事实来否定这两种极端的观点,例如"自动写字"就是其中一例,有些心理学家已对此仔细地研究过. 其实这种功能并非心理学家所特有,我们之中的许多人都曾有过这种经验,我自己也有过. 在我上中学的时候,有一次,我在干一件毫无兴趣的事,而此时拿笔的手却在纸上无意识地乱画,突然我发现我在这张纸的顶端写下了"Mathématique"(数学)一词. 试问,这能够用条件反射来解释吗?条件反射能做出这样复杂的动作——比如,能够在"t"后面紧跟着写出一个"h"吗?不能. 条件反射的说法对此是无法解释的. 但在另一方面,我们也无法承认这是我有意识地写下这个词的,因为如果我在此时哪怕是稍稍有一点意识,无论它是怎样的一瞬间,我都会立即停止那样做了,须知这张纸本是用来写作其他内容的.

2.1 无意识的多重性

尽管还有某几个哲学学派仍在企图否认无意识,但现在它的存在性已被广泛地接受了.

事实上,许多很平常的事情都不仅充分地证实了无意识现象的存在性,而且揭示了它的一些重要性质. 我在这里举一个识别人的面孔的例子,它很普通,但却并不很简单. 要识别一个人的面孔,实际上需要知道这个面孔的上百个特征,但却没有一个特征是可以很精确地描述出来的(当然对具有天赋和受过专门训练的画家除外),然而你的朋友面孔的所有这些大大小小的特征都储存在你的记忆之中,存在于你的无意识的心理状态中. 所有这些记忆,在你见到朋友的那一刹那,就会同时在你的脑海中涌现出来.所以,从这个普通的例子中即可发现无意识确实具有一种可称之为"多重性"的重要性质,也就是好几个事物,甚或相当多个事物同时出现在脑海中.这与意识不同,因为处在意识状态中的观念是唯一的.

我们还容易看出,无意识的这种多重性还便于我们进行综合工作.在上述例子中,无意识状态下的那个相貌上的许许多多细节,便可以在有意识状态下被综合成唯一的观念,即是否认识此人.

2.2 意识边缘

我们不仅不能否认无意识的存在,而且必须强调指出,如果没有无意识,恐怕我们什么事情都做不成.首先,思想只有当用语言表达出来时,才是最清楚的,然而当我讲出一句话的时候,下一句话在哪儿?显然这第二句话并不在我们当时的意识范围内,因为此时的意识只被第一句话所占有;然而此时我却在思考第二句话的内容,这句话是准备在下一时刻出现在我的意识中的,如果我此时不在无意识中思考这句话,那么下一时刻它就不会出现了.但是我们在这里所说的无意识是很表面的,因为它很接近于意识,它可以立即转化为意识.

看来,这种情况就是弗兰西斯·高尔顿(Franis Galton)的意识"前室"现象,他曾对此做过很精彩的描写.

"当我试图考虑产生什么新思想时,其过程是这样的:在某一时刻处在我的全意识中有一个思想,同时还有好几个思想.这些思想虽不能说已处在我的意识范围中,但它们却是随手可取的,我们随时可以把它们中的最为合适的思想选到全意识中来.这好比在我的心里存在着一个接见室,在这里全意识处在主要位置,同时有两三个其他思想处在听众席上,另外又有一个'前室',其中或多或少地充斥着和接见室里的思想有联系的思想,它们仅仅处在全意识的边缘上,这些思想中最为合适者被合乎逻辑地召唤到接见室中去,接见完毕以后,它们又依次回到听众席上去……"

为了表示那种较浅的无意识过程,我们当然可以用与"无意识"泾渭分明的"下意识"这个词.但是还有另外一个词,这个词是威廉·詹姆斯(William James)创造的,后来也被沃拉斯在同一意义下使用过,这就是"意识边缘"(fringe of consciousness). 依我所见,后者能更好地表达其中的含义. 对心理学而言,在运用内部反省法时,下意识状态是很有用的. 事实上,离开了下意识,内部反省是不可能进行的. 但是对某种状态,用下意识这个词就不一定确切. 这一点沃拉斯等心理学家曾用视野做过比喻:"在我们的视野中有一个很小的圆圈,在这圆圈中,我们看得最清楚,而在这个圆圈的旁边还有一个不规则的区域,即视野边缘. 在这个区域中,离开视野中心愈远,我们就看得愈模糊. 人们往往对视野边缘的存在性不太关心,因为其中任一对象一旦引起我们的关心,我们就会立即把视野中心对准它. 由此我们就可明白,为什么我们往往会忽视意识边缘中的事情,因为我们一旦对它有兴趣,它就立即成为我们的全意识的对象了. 但有时,我们也可做些努力,使它仍然处在意识边缘的地位而去观察它."

一般地说,把意识和意识边缘截然区分开是很困难的,但是在关于我们目前感兴趣的"发明"这样一件事中,这种区分就稍微容易些. 因为在发明过程中,我们把思想高度集中在问题的求解上,只有当问题获解之后,我们才有可能去顾及当时在意识边缘中所发生的事情,这是我们以后的研究中所感兴趣的现象.

2.3 无意识中的连续层次

我们已经看到,至少有两种类型的无意识,或者更准确地说:有两个层次的无意识.

我们还可以进一步指出:在意识中存在着好几个连续的层次,这是毋庸置疑的,我们以后还将证实这一点. 最表面的一层就是我们刚刚提到的意识边缘层;在这一层下面,就是可能使我们产生自动写字这类动作的意识层;再往下面,则是可产生所谓灵感的那个层次了,对此我们已在前面讨论过;再往下面还有更深的层次,这一点我们将在本书的最后讨论. 在全意识以及无意识的各个层次之间似乎是连续变化的,这一点泰纳(Taine)在他的《论智力》一书中做过很精彩的描述:

"你可以把人的思想比作一个舞台,追光灯只照亮一个很窄的范围,也就是只有一个演员被照亮,离开追光中心愈远,亮度也愈弱,在侧幕和背景上,在不太亮的那些范围内,有许多模糊不清的影子,它们似乎随时可以应召而出,那些众多的演员却不停地、乱哄哄地在舞台上走来走去,如同变戏法那样,把主角拥向前台.”

在圣·奥古斯丁的《忏悔录》第五卷中也有类似的描写,他在书中曾谈到记忆问题.我认为他充分地相信,记忆是归属于无意识范畴的.

意识边缘可以向全意识提供很模糊的思想,这一点富耶也是承认的.然而在此链的另外一端,无意识又是连续地联结着条件反射的[正如斯潘塞(Spencer)在《心理学原理》第一卷第四章中所指出的那样].这样富耶竭力用来反对无意识存在性的两种说法,实际上只是取了整个链的两个极端情形,因此他的反对意见是站不住脚的.

三 无意识和发现的关系

3.1 思想的组合

对无意识的上述讨论也可以从另一个角度去进行,就是分析一下它和发明之间的关系.

稍后即可看到,把发现归同于纯机遇的说法已被庞加莱的仔细分析所驳倒.但是在另一方面,机遇对于无意识的影响确实是存在的,并且是必要的.事实上,如同庞加莱所指出的,当我们不光用自我反省法,而是就问题的本来性质去研究问题时,无意识中就蕴含着机遇,两者并不矛盾.

须知,在数学领域或其他领域中,发现或发明都是以新思想组合的方式进行的.这种组合的数目无穷无尽,但其中绝大部分却没有什么用处,只有极小一部分才是有效的.而我们的理智——我指的是我们的有意识的理智——也只关注这一部分有效的东西,或者扩展一些说,还关注那些可能成为有效的东西.

为了找到有效的思想的组合,我们就不得不去构造数目众多的各种各样的组合,而后才去找出有效的东西.在这个过程中,我们就不可避免地带着某种程度的随意性.所以在思维的这一步上,机遇是重要的.但我们必须懂得,这种机遇只是在无意识中才起作用.

这里又一次表明了无意识的多功能性,它不仅要去构造无穷无尽的思想的组合,而且还要把它们相互比较.

3.2 跟随的步骤

很明显,构造各种各样的思想的组合仅仅是发明创造的初步.正如我们所注意到的,也正如庞加莱所说的,发明创造就是排除那些无用的组合,保留那些有用的组合,而有用的组合又仅仅是极少数.因此我们可以说:发明就是辨别,就是选择.

3.3 发明就是选择

这一非凡的结论比保罗·瓦莱里在《法国新闻评论》(*Nouvelle Revue Francaise*)上所写的如下的内容更为引人注目:

"任何发明的过程都包括两个方面:其一是进行思想的组合;其二是选择和识别那些我们所期待的组合,那些能够给我们传递重要信息的组合.

"我们称之为天才的人物往往在第一步上只要花费很少的时间,就可以为第二步做好准备;而在第二步中又能够准确地掂量,在种种组合中做出完美的选择."

在这里我们看到,数学家和诗人都有这样一种共同的基本观点,即发明就是选择.

3.4 发明中的审美学

那么这种选择又是如何做出的呢?做出选择的规律"是非常优美和微妙的,几乎不能精确地把它们描述出来,它们是只可意会而不能言传的,因而想要把它们刻板地说出来的企图是愚蠢的".

我们在这里不直接去回答这个问题,我们仅去研究发明的一般原则,而这样的探讨是可能的.我认为这样的结论毫无疑问是对的,即了不起的无意识现象,这个可以转化为意识的无意识现象,这种排除无用的思想组合,从而产生出有用的选择的过程是直接或间接地受着我们激情的深刻影响的.

"很奇怪的是:在数学上,激情会要求我们对一个问题做出严格的证明,而这初看起来似乎只是理智感兴趣的事.况且这样做也似乎会使我们忘记数学的美,忘记数字的与形式的和谐,忘记几何的雅致.但在实际上,这是一种真正的美感——每一个优秀的数学家都懂得,这种美感是从属于激情的."

这种感情因素对于发现或发明都是极为重要的,这一点显而易见,并且早已被众多的思想家所坚持.事实上,显然没有一项重要的发现或发明能在没有探索的愿望下产生.而庞加莱甚至认为:美感对于

发明来说,乃是必不可少的,没有美感就不会有发明.这样我们即可得到以下两个结论:

发明就是选择!

选择是被科学的美感所控制的!

3.5　再论无意识

在什么范围内,或者说在什么样的思维方式下,一个词才能不太拘泥于字面上的含义,而只是作为一个符号在那里使用? 显然不是在意识范围内,因为在意识范围里,一个词在和其他词的结合中,我们常常是严格地规定了它的含义,然后才加以使用的.

起初,庞加莱有这样的观点,即无意识只关心那些有用的组合.但他后来没有坚持这一观点,我也并不认为这是一种很好的解释,因为这在实际上没有说明什么问题,这只是一个词义的问题和一个定义的问题.如果依照这种解释方法,我们还必须去确定,在什么范围内无用的组合消失了,从而也没有理由不把这个范围称为无意识的另外部分.

庞加来后来更正了自己的观点,他认为:无意识不仅要担当起构造各种各样的思想组合的复杂任务,而且还要根据我们的审美原则去做最细微和最本质的选择.

3.6　关于酝酿的其他观点

庞加莱的上述观点毫无疑问是正确的,然而这个观点却曾经被许多人攻击过.其中有些人害怕承认无意识的存在,这已在前面讲过.现在让我们来看看他们是怎样谈论顿悟这一情况的.

这里没有必要再去重复纯机遇说的教义,这在前面已讲过了.现在我们认为:酝酿是顿悟的先行阶段.在酝酿阶段,没有什么自觉的智力活动,但也不是什么也没有发生,实际上,事情只是发生在我们的无意识中罢了.关于后来发生的顿悟,主要有两种说法:

甲:顿悟之所以能够产生,是因为我们的头脑处于新鲜阶段,或者说处于不那么疲劳的阶段,我们把这种说法称为"休息假设".庞加莱没有正式采用过这个词,只是在某些场合提到过这种假设.

乙:顿悟之所以产生,是因为阻碍前进的障碍已经被消除,或者说,他从"牛角尖"中退出来了.思维者经常发生这样的情况,他刚起步就误入歧途,并且沿着错误的道路一直滑下去而不能自拔,但最后却摆脱了错误的前提和假设,从而"茅塞顿开",出现了顿悟.我们称这种说法为"忘却假设".

3.7 对这两种假设的讨论

亥姆霍兹的议论曾激起人们对休息假设的热情.他说,当他感到疲劳时,或者当他坐在写字台前紧张地工作时,"愉快的思想(这是他称呼顿悟的一个词)从未出现过".后来,在谈到他的研究工作时,他又补充道:"在工作中所产生的疲劳过去以后,在愉快的思想来到之前,其间有一小时左右的时间,身体处于一种完全的精神饱满的清新状态."他的这番话实际上支持了休息假设,不过,他的顿悟不是在疲倦刚刚恢复时产生的,而是在大约一小时以后产生的.

但是亥姆霍兹的情况不是普遍的情况,也有相反的说法. K. 弗里德里克斯(K. Friedrichs)教授写信告诉我说:"创造性的思想常常是在一番艰苦的脑力劳动之后,在精神疲劳和体力松弛的双重状态下突然产生的."在艺术批评领域里也有相类似的说法.斯特林(Sterling)博士是鉴画专家,他告诉我说,他曾注意到:灵感常常是在经过一个长时间的自觉努力而感到很疲劳时才会出现的.好像是只有在意识薄弱的无意识状态下才会产生灵感.

这两个例子说明顿悟的出现规律并非一成不变,而出现的规律不仅因人而异,而且对于同一个人也不是永远相同的.庞加莱曾经告诉过我们有三种类型的发明过程,而且在我们看来,它们在本质上是互不相同的:

(1)完全自觉的工作.

(2)经过酝酿而产生顿悟.

(3)像他所说的那个不眠之夜那样的一种特别情况.

前已指出,庞加莱也曾提到过休息假设,他所说的和亥姆霍兹的描写很相像(虽然没有采用"休息假设"这个词),这也和我们上面总结的三点有些不一样,即起初没有取得成功,然后是休息,休息过后做了半小时左右的其他工作(亥姆霍兹说是一小时左右)——然后灵感就突然来了．这可以用休息假设来说明，但和亥姆霍兹一样，庞加莱也遇到了反对意见．

还有另外一种很奇怪的情况，这是化学家 J. 特普勒（J. Teeple）报告的，他说他经过半小时以后才醒悟到他在干什么，他甚至忘记自己已经洗过澡了，因此又去洗了一遍澡．这是一种很怪的精神状态，一种无意识过程的很特别的情况，即思维者没有意识到他正在进行的活动，直到结束之后才意识到．

这样关于发明的心理学原因就有好几种，可能其中一些可以用"休息假设"或"忘却假设"来说明．我承认，忘记过去的一些不成功的努力，确实可以导致发明的产生，这也许要经过几个月的长时间的间隔．但是这种发明并不是由顿悟得到的，因为它不是突然地意想不到地产生的，而是在新的精神状态下做出新的努力之后才得到的．

同样地，如同伍德（Wood）教授所说的，"忘却假设"也可用来说明发明产生的原因．问题的答案本来很简单，但原先却被忽略了，走上了错误的道路，经过忘却以后，却一下子就醒悟了．但是无论是"休息假设"还是"忘却假设"都是在新的精神状态下做了新的努力．

所以用这两种假设来说明庞加莱和其他人的"顿悟"就不那么适用，庞加莱在康斯坦茨湖登上马车时没有工作，他是在和旅伴闲谈，而灵感在不到一秒的时间里突然出现了，是在他把脚放在踏板上进入马车时的一瞬间突然产生的．这并不是由于问题太简单而不需要做什么新的工作，庞加莱说他不得不在回到卡昂以后再补充整个证明．庞加莱还说到了另外一些顿悟的情况，虽然在时间的长短上不尽相同，但却有同样的突然性和无准备性．这些事实都说明了用"休息假设"和"忘却假设"去说明顿悟是不大适用的．

如果我们硬要用这两种假设去解释顿悟现象，那么顿悟就是由于重新对过去的工作进行研究，去掉那些自相矛盾或者错误的东西而产生的．然而我们这里所说的顿悟不具有这种性质，它没有经历严肃而紧张的工作过程，它没有付出艰苦的努力，它是突然地在一种根本意想不到的情况下产生的．

再则，如果我们接受忘却假设，即承认存在一些错误的思想，它阻碍了我们的思路，那么我们就应该知道它们是些什么（因为这两种假设都声明排除无意识的作用),但是恰恰相反,我们什么也看不见.

总而言之,我们看到,在某些情况下,"休息假设"和"忘却假设"可以得到承认;但在另一些情况下,特别是在典型的顿悟的情况下,如同庞加莱和其他一些人所注意到的那样,两种假设都和事实相违背.

3.8 关于顿悟的其他观点以及暗示问题

还有这样一种观点,这种观点也反对亥姆霍兹和庞加莱的思想,认为顿悟的某些部分是发生在我们称之为意识边缘的地方的.

实际上,意识边缘和意识乃是紧密地联系着的,并且它们之间的转换是如此连续和迅速,以致我们几乎不能在顿悟的现象上把它们区别开来.下面我们还将对这一问题做些讨论.

还有一种更奇怪的情况,这就是有些思想家在创作工作中,面临顿悟的产生,会有一种预感,预感到某种东西快出现了,但是又不知道这种东西是什么.沃拉斯称这种现象为"暗示".我自己从来没有经历过这种感觉,庞加莱也没有说起过,如果他有过这种预感,则一定会提到它.科学家们若能研究一下这个问题,那将是有益的.

最后一个反对庞加莱思想的观点是由沃拉斯提出的.他说,庞加莱的下述说法也许是对的,即"没有高度的审美本能就不会有伟大的发现",但是他又补充说:"如果认为这种审美本能是数学家进行思维的唯一动力,乃是极不妥当的."

我可以背出沃拉斯的那一段文章,但是我实在弄不懂它是什么意思.其中有两件事本来必须分开,但沃拉斯却把它们搞乱了,其一是"倾向"或"趋势"("要做什么"),其二是"机制"("如何去做").我们将在第四部分中讨论这种趋势问题,那时将再次表明美感确是一种动力,而现在我们涉及的是机制问题,对此问题我认为美感的动力作用仍是毫无疑问的.沃拉斯认为,庞加莱之所以有这样的思想观点,乃是因为庞加莱是皮埃尔·布特鲁(Pierre Boutroux)的朋友,而后者又是威廉·詹姆斯的朋友.说得清楚些,沃拉斯认为,庞加莱是受了机械论学派的影响.但在实际上,庞加莱的观点是基于他自己的观察,而不是人云亦云.就我个人来说,我完全同意庞加莱的观点.这不是因为庞加莱是皮埃尔·布特鲁或威廉·詹姆斯的朋友,或者是因为他研究过机械论学派的观点(我就没有做过),而是基于我自己的观察,位于我无意识中的思想是经过我有意识的研究而得到的.这些思想也符合我的审美感.

事实上,我认为即使不是每一个科学家,也至少是每一个数学家都是同意上述观点的.我还可以补充说,他们中有不少人写信给我谈到这个问题,都自发地表达了对上述观点的赞同(而且也并不是因为我这样说了,他们才这样说的).

3.9 关于无意识的进一步讨论

当然,在某种程度上,我们的上述观点也有令人感到奇怪的地方,以致给庞加莱提出了一个使他为难的问题:过去总把无意识说成是自动的,这当然是正确的,因为它不受我们的意愿制约,至少不受我们意愿的直接影响,甚至是超脱于我们知识范围的.但现在,我们发现又有一个与之相异的结论,庞加莱说:"无意识不是纯粹自动的,它是有辨别能力的,它很机敏,很灵活,它知道如何选择,如何推测.我还可以说,它甚至比意识本身还更善于推测,因为它不怕挫折、不怕困难,甚至可变失败为成功.

"简言之,阈下意识不是要比意识本身更高级吗?"

不管是现在还是过去,这种思想在玄学家那里很受欢迎.事实上,虽然无意识一次又一次地证明了它的存在,但是它并没有被我们所真正懂得,因而它被披上了一件神秘的外衣.由于这种神秘感,它就被赋予了至高无上的能力,即无意识可能是这样的东西,它原先不是来自我们自己的.亚里士多德(Aristotle)甚至认为它是带有神性的.按照莱布尼茨的观点,它能够使人类和上帝对话,如果没有它的参与,我们就什么都不会有了.舍林(Schelling)也有类似的观点,而菲希特(Fichte)则更乞求于神性.

更近一点,先是迈尔斯(Myers),后来是詹姆斯本人,基于这个原则,建立了一整套哲学教义(威廉·詹姆斯虽然是一个伟大的天才,但在他早期的著作《哲学原理》中,他本人不时地表明对无意识存在性的怀疑).根据这个哲学,无意识可以使人类与那个人们所无法感知的世界对话,即和神灵世界对话.

同时,也有人认为:无意识是先知存在的踪迹,是灵魂作用的结果.

这种把无意识归结为天上的、精神的,甚至"阴间"的理论是经常听到的,我们已经习以为常了.日耳曼哲学家冯·哈特曼(Van Hartmann)认为无意识是一种宇宙的力量,是一种鬼魂,是一种附加在我们身上的有害的东西.由于对无意识的害怕使他产生了一种悲观的论调,他认为相信无意识不仅是个人的自杀,而且是宇宙的集体的自杀.他预言:这种无意识足以毁灭整个星球,我们人类必须赶快脱离这种毁灭性的东西.

我们已经看到,一些人是怎样地害怕听到无意识,甚至不愿意承认它的存在.这种思潮也许是对上述有些人沉溺于无意识的幻想的反对.确实,如果赋予这种幻想以如此的神秘性,则将使人深陷其中而不能自拔.

问题在于对无意识的这种理解是否正确,无意识是不是一种特殊的神秘的东西.事实上,真正的神秘之处是我们大脑的功能,即我们的大脑为什么能够思考?这种精神过程是怎么回事?人类已有几千年的历史,而我们对这些问题的了解却毫无进展,不管是对这种或那种精神过程,我们至今还是一无所知.

至于说无意识和意识究竟哪个更高级,我认为提出这种问题是愚蠢的.当你骑在一匹马上时,你说它比你高级还是低级?当然,马比你强壮,又比你跑得快,但你却能让它做你所要它做的事.同样地,我也不知道氢气和氧气哪个更高级;也不知道左腿和右腿哪个更高级,实际上,它们在行走中是相互合作的.意识和无意识也是这样,还是让我们来讨论它们是怎样合作的吧!

四 准备阶段·逻辑和机遇

4.1 完全有意识的工作

对于庞加莱的讲演,文艺批评家埃米尔·法盖(Emile Fageut)这样写道:"一个问题当你不再去想它时,答案会突然出现在你的脑子里,它的出现也许就是因为你不再去想它了,或者说,希望松弛一下了。"这件事充分证明了休息是工作的条件.当然,懒惰的人也可能由此而找到了借口.

然而,我们并不能如下所述那样去理解上面的说法,即由此而认为当你面对一个问题时,你可以什么都不干,而只要抱有求解此问题的愿望,然后就可以去睡觉,等到第二天早晨醒来时,答案就会突然出现在你面前.显然这是一种荒唐可笑的误解.

事实上,情况完全不是这样.任何问题,只有经过深思熟虑,认识才会产生飞跃.例如,我们在开头所提到的,庞加莱把脚放在马车踏板上时所发生的事情,就是经过深思熟虑所产生的认识上的飞跃.

牛顿关于万有引力的发现也是一个典型的例子.他曾经被问道,他是如何发现这个定律的.他回答说:"我就是不断地想,想,想。"这件事也许是轶事,但是始终如一的努力,一定是发现这个定律的必要条件.他有一个信念,即任何东西(不论是不是苹果)既然都掉向地球,那么月亮也一定是掉向地球的.正是这种自觉的信念和顽强的努力,才促使他发现了万有引力定律.

然而,我们是否一定要同意蒲丰(Buffon)的观点,也就是天才人物必然是那种具有极大耐心的人?这种观点与我们前面所提到的看法是相违背的.坦白地说,我不赞同这种观点.对于牛顿的情况,我们一开始就看到,他对那个信念做出了始终如一的努力,但他之所以能去做出这种努力,乃是因为他一开始就认识到,这件事是值得去努力的.这里有一种自觉和自愿的信念,同时又有一种灵感和一种选择,只是这种灵感和选择是完全有意识地感觉到的,没有这种灵感和选择,即使具备了蒲丰所说的耐心,也是无济于事的.

4.2 作为准备的有意识的工作

现在我们来考虑另外一种情况,即那种出乎意料的灵感重复地出现在庞加莱的脑海中.我们已经知道,这或多或少是一种紧张而又漫长的无意识劳动的结果.但这种无意识劳动是否就没有原因呢?如果我们这样想,那就完全错了.事实上,只要对庞加莱的著名讲演稍加回想,即可知道不是这么回事.他在康斯坦茨湖走上马车时所产生的灵感,乃是由于他前一个时期所做的艰苦努力的结果.后来他转而研究其中的算术问题,但"明显没有取得成功",并已"厌倦了失败",正是在这样的基础上,一个新的灵感又出现了……他就这样一个又一个地解决了遗留下来的问题.但还留有一个关系到全局的问题没有解决,"而我的全部努力告诉我,这是一个很困难的问题",这对他来说,乃是有意识地感觉到的……他后来把这个问题搁置起来不去管它了.但有一天,灵感又来了,这个困难问题的解决方案又突然出现在他脑海之中了.

在这些接二连三的步骤中可以看出,如果不是经过好几天的有意识的艰苦努力,尽管这些努力没有产生结果,完全是一种盲目的摸索,那么突然的灵感也不会产生的.可见这些努力并不是白费的.实际上,正是这些努力才使得无意识机器得以开动起来,即如果没有这些艰苦努力,无意识机器是不会开动起来的,从而什么灵感都不会出现.

亥姆霍兹也同样认为,所谓酝酿和顿悟都必须经过这种有意识的努力阶段,它的存在性已被亥姆霍兹和庞加莱之后的心理学家们所承认.即使有些时候不太明显,但它依然是存在的(莫扎特就是如此,但他没有提到酝酿).

还必须指出:对于一项发明或发现,不管它是合于逻辑地产生的,还是纯粹偶然地产生的,这种有意识的努力阶段却总是存在的.发明不能仅由机遇产生,虽然机遇在发明中是重要的.正如为了击中目标,火炮的配置必须考虑概率的因素,因此,没有有意识的努力,就不会有任何发明.

把发明归结为纯机遇的观点是站不住脚的,同时也由此否定了前面所说的休息假设和忘却假设.因为这两种假设有一个共同的特征,即认为先前的努力如果未能得到直接的结果,则被认为是无用的,甚至是有害的.如此,发明如果被认为是没有先行阶段而产生的,就将再次滑到纯机遇的泥坑中去,但这是不能接受的.

4.3 庞加莱关于准备工作的作用的观点

有了这些认识,我们将意识与无意识相比时,就不会再认为意识只是处于次要地位的了.实际上,正是意识开启了无意识的作用,并且或多或少地确定了无意识的方向.

为了说明意识的这种作用,庞加莱做了一个极好的比喻:他设想那些形成思想组合的基本的思想元素有点像伊壁鸠鲁(Epicurus)的带钩原子,"当思维完全静止时,这些带钩原子是不动的,它们像是被挂在墙上.这种完全静止的状况可以无限期地延续下去,原子之间也就不会碰撞或相遇,因而更谈不上产生什么组合".但当我们进行研究工作时,就必须把一些思想动员起来,当然不会是全部思想,而只是那些可能有用的思想."如果未能达到预期的结果,也就是虽已用千百种不同方式把这些观念原子相互组合,却依然未获得令人满意的结果,此时我们就认为自己做得不好,然而经过这样的努力之后,这些观念原子已被激发并运动起来了,它们再也不会回到原先的位置,而是连续不断地向四面八方自由飞舞."

现在我们可以预想到后面的事情了,这些"被动员起来的观念原子相互碰撞,互相组合,或者飞向那些尚未被动员起来的观念原子,并与之结合,且把它动员起来".在这些新的组合中,在这些有意识努力的间接结果中,可能蕴含着自发的灵感.

4.4 逻辑和机遇

虽然庞加莱所给出的这个模式不可避免地显得比较粗糙,但在实际中,却有很高的指导意义.

依照这个模式,还可进一步阐明另外一些问题,例如发明中逻辑和机遇的问题. 对此有好几种说法, 有些人虽然不像尼科尔那样极端, 但也坚持认为机遇在发明中是非常重要的; 而另一些人却恰恰相反, 他们坚持认为逻辑在发明中是非常重要的. 前文中所提及的两位心理学家, 波朗属于后者, 而梭里奥则属于前者. 我认为, 若用庞加莱关于观念原子发射出去的比喻, 则可很好地解决这个问题, 在此不妨再打一个比方. 大家知道, 好的猎枪打出去的子弹有一个适当的散射面. 若散射面太宽, 虽易瞄准但仍可能击不中目标; 若散射面太窄, 则又可能因难以瞄准而失去击中的好时机. 我认为这和发明过程中的思维运动的情况很相像, 我们仍旧采用庞加莱那些用来比喻思想元素的带钩原子的说法. 如果这些原子严格或几乎严格地集中在一个方向上投射出去, 此时有用的思想组合可能会多一些, 但也有理由担心, 这些组合可能较为单调而不够丰富; 相反, 如果完全随意地投射, 即没有任何确定的方向或次序, 那么将有大多数的思想组合没有什么用处, 但也很可能在这些众多的无秩序的思想组合中, 突然出现闪闪发光的瑰宝. 实际上, 那些真正有价值的思想一定是不平凡的, 并被蕴藏在那些看上去极为遥远的思想之中.

在此有梭里奥的一句警句:"为了发明, 你必须开阔思路 (In order to invent, one must think aside)." 数学虽和实验科学不尽相同, 但仍要牢记克劳德·伯纳德(Claude Bernard)的话:"思想过于古板的人, 乃是不适宜于从事发明工作的."

4.5 错误和失败

大家知道, 数学和实验科学不太一样. 在实验科学中, 如果太拘泥于传统的思想, 而不顾及新观察到的事实, 那往往会导致错误, 得到不精确的结论. 但是在数学中, 我们不怕错误, 实际上错误是经常发生的. 好的数学家, 一旦发现了错误, 就立即改正它. 就我自己来说(实际上许多数学家也是这样), 所发生的错误往往比我的学生所发生的错误还多, 但由于我总是不断地加以改正, 故在最后的结果中, 就不会再留有这些错误的痕迹. 这是因为, 无论什么时候, 如果我一旦造成了错误, 洞察力——它类似于我们前面所提到的科学上的敏感——就会向我发出警告: 我的研究结果将失去它应有的美.

当然也有一些例外,如黎曼(Riemann)关于"狄利克雷(Dirichlet)原理"的不充分的证明,表明了在一种似乎不那么严格的证明中存在着某种微妙的东西,而且正是这些微妙的东西在实际上极有价值.

但是,不管在数学中还是在实验科学中,如果不能充分地开阔自己的思路,就将一事无成,尽管就能力而言,本来是应该有所创造的.这对于心理学家来说也是感兴趣的课题.试想,如果一个研究工作者未能从已有的结论中得出重要的推论,这是多么荒谬而又多么可惜!

但在另一方面,当一个学者听到别人根据他的结果,经过一番努力之后,又得到了更好的结果时,他不应该沮丧而应该高兴,因为他有权声明新的发现也有他的功劳,这一新的发现是他的结果的推论.

克拉帕雷德说过这样一件事:心理学家布鲁克(Brücke)发明了检眼镜,并用它成功地解决了眼底的照亮问题.由此可以得到另外一个新发现:视觉的幻象可以由光线在视网膜上的反射产生.这个发现本来应该属于布鲁克,但他却忽略了,后来是亥姆霍兹在讲解布鲁克的发明时发现这一点的.如果根据我们刚才所说的看法去理解,布鲁克在这一点上失败的原因是研究问题时思路不开阔.

克拉帕雷德还提到两个类同的例子:德·拉·里韦(de la Rive)遗憾地没有发明电镀法,而弗洛伊德(Freud)错过了发现可卡因在眼外科手术中的重要应用.

4.6 我本人的例子

每个科学家都可能经历过上述这种类似的失败,我自己就曾失误过好几次.即本来应该从我已经得到的结果中得出一些重要的推论,但我却忽略了.这种失败的大多数原因,都是研究问题时思路太狭窄,也就是未能在研究工作时开阔思路.

我这里要说的第一个例子是:我在研究一个问题时曾经得到过一个公式,本来我可从这个公式中得到一个很重要的推论.但我当时正在研究毕卡定理的证明,由于当时太受那个证明的影响,因而未能直接从我自己的那个公式中得出推论,竟然另找出路,结果费了四年之久的时间才按一种十分复杂的方式而得到它.几年后,詹森(Jensen)证明了可从我的那个公式直接得出这一结果.很清楚,此事可归咎于

1888 年时我太专注于毕卡定理的证明了.

后来我开始写论文,又有两个重要的定理,它们本来应该是我的这篇论文中某些定理的直接推论,但我当时也没有得出来.几年后,有些作者把这两个重要定理归功于我,但我却要坦率地承认,虽然这两个推论很明显,却不是我自己得出来的.

若干年后,我想把经典的曲面曲率概念推广到高维空间上去,我就去研究黎曼关于高维空间中的曲率理论,它是一般三维空间中曲面曲率基本理论的推广.我想证明所谓黎曼曲率实际上是高维空间中某个曲面 S 的曲率,S 的形状使曲率达到极小值,我成功地证明了这一点,而且如此得到的极小值正是黎曼的那个表达式.但当时我只想到问题的这一方面,却忽略了另一方面,即使用什么样的方法进行构造,才能使 S 的曲率达到极小值.对于这一问题的研究,本来可以使我获得所谓"绝对微分"原理的,但我当时却没有去研究它,以至于把这一发明留给了里奇(Ricci)和莱维·西维塔(Levi Civita).

绝对微分和相对论有紧密的联系.在这个问题上,我必须承认,当时我已经知道光的传播方程在一组变换[现在我们知道是洛伦兹(Lorentz)变换群]之下是不变的,而且在这一变换下,空间和时间就结合在一起了,但我却仍然说:"这组变换缺乏物理意义."而现在却正是这组曾被我认为没有任何物理意义的变换构成了爱因斯坦(Einstein)理论的基础!

让我继续谈我的失败吧.我要提到一件令我特别后悔的事,即著名的狄利克雷问题.开始的几年,我试图用弗雷德霍姆(Fredholm)的方法解决这个问题,即把这个问题化为含有无限多个未知数的无限多个一阶方程组.虽然一般说来,问题的物理解释是一个正确的向导,这种解释在过去往往很有效,但这一次却把我引向了错误.物理解释建议我用"单层的势"去解决这个问题,然而在这个问题上,这却是一条死胡同.事实上,后来由于引入了"双层势"才解决这个问题.这里又一次证明了克劳德·伯纳德所说的话是多么正确,即人们不应该太死板地固守着一个确定的原则,无论这种原则一般说来是多么正确,多么有效.

在上面的例子中,我们看到,失败的原因基本上是一致的.但也会出现相反的情况,不是由于我死板地固守着一个想法,恰恰相反,而是由于我未能很好地坚持某种想法而导致了失败.比如对"反演几何"中的一个问题的研究,本来我应该沿着不确定性原则深入研究下去,这可使我彻底地解决我所讨论的问题,但是我却偏离了这一原则,从而让安德烈·布洛奇(André Bloch)得到了不少漂亮的结果.

最后讲一件事,此事连我自己都几乎无法解释.大家都知道,在偏微分方程的研究中,对一个很复杂的问题,若不能给出在广泛条件下成立的结论,则可先给出在某些特殊条件下成立的结论,这是研究问题的一般方法.但我在自己的一个研究中,却忘记了这一方法,因而错过了能够发现照亮整个问题的性质的机会,这一发现终于留给了更幸运的后人,我实在不知道这是怎么回事.

4.7 帕斯卡的情况

许多学者(如果不是全部)都有过类似的经历.也许可以聊以自慰的是:这种情况在一些很杰出的学者中,也同样地发生过.

帕斯卡(Pascal)在他的《说服的艺术》一书中,给出了一个原则,这个原则不仅适用于数学推理,而且也适用于别的推理.这个原则就是:"我们必须用定义的事实去代替被定义的术语(one must substitute definitions instead of the defined)".

另外,帕斯卡又在别的地方指出:就像不是所有的事情都能被证明一样,也不是所有的事情都能被定义的,总有一些原始概念是不可定义的.

如果帕斯卡能把这两种思想结合起来,他就会发现他面临着一个逻辑上的大问题,该问题不仅可以使我们理解著名的欧几里得(Euclid)公设的真实含义,而且更重要的是,它还会诱发出一场深刻的革命,按照我的想法,也许非欧几何早在帕斯卡的时代就该产生了.

但是,帕斯卡未能这样做,原因是他的思想太集中于神学.我的一位朋友告诉我说:"这是一个很难说清楚的问题."

4.8 控制无意识的努力

这些事例告诉我们,在研究工作中,若我们的思想太广泛,则是有害的.但若太专注于一个特殊的方向,则也同样是不利的.那么怎样才能避免这两种相反的极端情形呢?

事实上,我们在准备阶段的意识,不仅能给后面的无意识活动以推动力,而且还能指导和影响后面的无意识活动.按照庞加莱的说法,无意识是可以训练的,也应该从这个意义上来理解梭里奥的警句:"为了发明,你必须开阔思路."

但这一答案未必能令人十分满意,因为所谓"开阔思路",我们总是在原来的思路上去"开阔",而对那些在我们意料之外的却又是更为有用的事情,就难以想到了.所以,对于发明家来说,重要的问题是不要把自己局限在一个小范围中,而应该广泛地接触各类知识.

还有没有其他因素在影响着我们的无意识呢? 这是一个很重要的问题,因为它不仅关系到发明,而且还关系到生活的整个原则,特别是关系到教育.这一问题还有待于进一步研究.《心理学和生命》杂志曾研究过这个问题.1932 年,在一本由几位作者合作的小册子中也曾讨论过这个问题.其中德威尔绍夫(Dwelshauvers)建议大家分析一些现象,以及这些现象经常在一天之中的什么时间发生;就发明来说,从准备到问题的解决,一般需要多少时间;而酝酿一个问题是否要花几个小时,或者几天,它们是否和问题的困难成比例,等等.

在这些研究的结果中,有一个规律被公认为是很有用的,即如果对一个问题研究了很长时间而没有结果,那就应暂时把它丢开,做些其他事情;但只是暂时地丢开,例如在几个月以后重新考虑它.这对那些初搞研究工作的年轻人来说,乃是一个很有益的忠告.

关于无意识的训练问题和其他问题,都值得研究,在此就不去讨论它们了.德·索朔(de Saussare)博士对我说过,若用心理学分析法来研究这些问题,则是极有效的.

五　最后阶段的有意识工作

5.1　第四阶段

我们现在已经熟悉了亥姆霍兹和庞加莱所说的发明的三个阶段：准备阶段、酝酿阶段和顿悟阶段.庞加莱认为，还存在着最后的第四阶段，这第四阶段是有意识的，也就是思想在经过无意识工作以后，就要进入用语言或符号把结果表达出来的阶段，因而第四阶段是有意识的，并且这个阶段和前面三个阶段是紧密联系和互相依存的，因而是十分重要的.该阶段有三个作用，即证明结果、精确结果和中转结果.

（1）证明结果：伴随灵感而出现的绝对可靠的感觉一般是正确的，但也可能欺骗我们.究竟是对是错，还要由我们称之为"理由"的东西来确定，或者说，还要去证明它们.当然，这一证明过程是有意识的.

（2）精确结果：所谓精确结果，也就是精确地把结果写出来.庞加莱说过，无意识不可能做相当长的运算.如果我们以为无意识具有这种能力，即具有自动运算的性质，那么我们就可以在睡觉之前考虑一个代数运算的问题，而到第二天早晨醒来时就得到结果了，显然永远不会有这种事情发生.实际上，对于无意识的自动运算性质是不能这样来理解的.正确的运算必须注意力高度集中，并且具有顽强的意志且符合规则，因而完全是自觉的和有意识的工作.这种工作出现在灵感产生以后的又一个有意识阶段.

如此，我们在这里似乎遇到了一种自相矛盾的结论，当然我将对此做些说明，如同我对牛顿的情况所做的说明那样.所说的自相矛盾，就是一方面我们看到了作为灵魂的最高本能之一——我们的愿望、我们的意识——在整个发明中占据相当重要的地位，它是支配着无意识的；但在这里，它又似乎是从属于无意识的，因为它是在无意识以后产生的.但在实际上,这两个阶段不仅很难分开,而且是相辅相成的,也就是说,它们是一件事情的两个方面.

5.2 瓦莱里的说法

我们刚才所说的数学领域中的一些情况,特别是上述"精确化"与灵感之间相辅相成的关系,曾在保罗·瓦莱里论及其他领域中的发明创造时得到证实.他认为:"实际情况要比他或庞加莱所描写的更为复杂和精美,因而更值得去做进一步的研究."保罗·瓦莱里这样说道:"存在一个'暗室时期',在这个'暗室时期',你没有什么工作热情,感到味同嚼蜡,甚至要添加一些兴奋剂才行.你好像是一个被人雇佣的雇员或领班那样被动地工作着.此时闪光的思想已经出现,现有的任务只是做一些辅助性的工作,而且这种工作相当啰唆,甚至还会走到邪路上去,因为可能有一系列的错误判断而导致返工,你会觉得这种工作本来应该是很容易做的,但又怎么也做不好……从而产生了沮丧和急躁的情绪,直至自暴自弃地认为,似乎永远也不能把这件事做好了."

这种在"精确化"过程中所发生的情况是一种很普遍的情况,甚至一些富有创造才能的学者也难以摆脱.例如前面所提到的拉马丁,他几乎是一个能够迅速而毫不犹豫地、不假思索地赋诗的天才,但据他的传记作者说,从他的手稿中发现,他也曾反复不断地、坚持不懈地修改过作品.

5.3 数字计算者

有一个过程稍微有些不同,但却很容易和数学家的工作相混淆,我指的是一些神奇的计算者.这种人常常没有受过什么教育,却能非常迅速地进行十分复杂的数字计算,例如七位数以上的乘法,他们甚至能在一瞬间告诉你,从纪元开始到现在已经过去了多少分钟、多少秒钟等.

实际上,这种天才的计算能力和数学家的发明创造能力是不一样的,没有几个著名的数学家具有这种计算能力.据说高斯(Gauss)、安培(Ampère)和沃利斯(Wallis)具有这种能力.庞加莱承认他在运算上是很平常的,我也如此.

　　这些非凡的数字计算者常常表现出一种显著的心理学特点,其中有些特点和我们的讨论是有关系的,例如和庞加莱的说法相反,计算结果(或其中的部分结果)对他们来说,并不是通过有意识的努力得到的,而是一种在无意识中充分发挥的灵感产物.

　　非凡的计算者费洛尔(Ferrol)写给莫比乌斯的一封信也许是最好的证据了,他写道:

　　"当有人给我出一道题目时,即使是很困难的题目,答案也会立即出现在我的知觉中.我当时根本不知道自己是怎么得到这一答案的,只有在事后,我才去回想我是如何得到这个答案的.而且这种直觉从来没有发生过错误,甚至还会随着需要而愈来愈丰富,所以只凭直觉足以对付这些计算.甚至我还有这样一种感觉,似乎有一个人站在我身旁,悄悄地告诉我求得这些结果的正确方法.但这些人是如何来到我身边的,我却一无所知,若让我自己去找他们,那肯定是找不到的.

　　"我经常感到,特别是当我单独一个人时,我自己好像是在另一个世界,有关数字的思想几乎是活的,那些算题的答案也是突然之间跳到我眼前来的."

　　还可补充一点,费洛尔不仅对数字计算有兴趣,对代数运算更有兴趣.令人惊奇的是,他在代数运算中,同样是用无意识获得正确结果的.

5.4　对自己工作的欣赏

　　我们一旦得到了某一结果,又是怎样看待它的呢?实际上,当我们正在研究一个问题的时候,通常是怀有浓厚兴趣的.但是一旦得到结果之后,这种兴趣就消失了,特别是当我们要把它记录下来的时候,更是兴味索然,甚至要拖上好几个月,我们才会回过头来欣赏它.

　　保罗·瓦莱里在巴黎哲学协会的一次会议上曾被问到同样的问题,即当他完成了一项工作之后,感觉如何?他回答说:"情绪很坏,几乎像是离了婚."可见他在这里也同样地表达了我们刚才所描述过的那种感觉.

　　下面介绍第四阶段的第三个作用——中转结果.

　　对结果的证明和精确化也可赋予另外的意义,这就是通常所认为的,此处并不是研究工作的结束,而只是它的一个阶段(庞加莱的讲演中也曾提到过这种连续的阶段).我们还要进一步考虑如何利用这个结果.

但要利用某一结果,就不仅要证明这一结果,还要把这个结果精确化.事实上,无意识虽已告诉我们如何去得到结论,却没有提供结果的精确形式.经常发生这样的情况,有些性质被蕴藏在精确化的形式之中,而这些性质对于我们的继续研究而言是极其重要的,但又未能在精确化之前及时预见到.

庞加莱在发明富克斯函数的过程中也是这样.开始他认为这种富克斯函数可能不存在,直到那个著名的不眠之夜后,他才发现了它,而正是这样一个与开始的认识完全相反的结果的出现,才促使他去继续研究富克斯函数的性质.

牛顿从开普勒(Kepler)三定律的前面两个定律出发,得出行星之所以绕太阳旋转,乃是受到和距离的平方成反比的力的吸引的结论.但在此处还有一个比例系数的问题,即引力究竟等于距离的平方之倒数的多少倍? 这一比例系数是一个常数,其意义可以从开普勒第三定律中得出,也可以从不同行星的运动的比较中得出.结论是这个比例系数对所有的行星是不变的,从而所有的行星都服从同一个万有引力定律.但这一结论并不能从对问题的一般性质的综合中得到,而只有从精确的和仔细的分析中才能得出,牛顿也不可能不经过计算就得出这个结论.若计算不是这样,就没有理由认为使月亮围绕地球运动的力和使重物(就像那个轶闻中的树上的苹果)掉下来的力是一样的了.

当然,若去猜测牛顿当时的思考过程也许不那么实际.但应注意一点,即他的那个引力普遍存在的观点,不仅需要代数的证明,而且需要数字的证据,还要用到包含在公式中的一些项的估计值(众所周知,牛顿曾在这里暂时地犯过错误),但在这里,发生错误是很可能的.后来乔治·康托尔(Georg Cantor)果然看出其中包含错误,但他又不相信这是真的.他说:"我看出了它,却又不相信它."

总之,在任何情况下,继续研究和开始研究一样,也要做准备工作.在研究的第一阶段结束以后,把研究继续进行下去就需要新的动力,而这种动力只有在我们把前面的结果精确化以后才能产生.

举一个熟知的例子.若两条平行直线和另外两条平行直线相交,

则能把平面分成几个部分,这是人所皆知的.但若不再去做进一步的详细分析,那么诸如相似性等这类性质就无从发现了.

实际情况可能是这样,如同庞加莱所说的,新的研究是需要我们有意识地去完成的(我觉得,更严格地说,新的研究乃是由意识和意识边缘的合作去完成的),甚至像牛顿这样的天才,也需要综合和专心致志地工作,也正是出于这个目的,我们才去把结果精确化的.

总之,研究工作的每一阶段都是通过对本阶段的结果的精确化而和下一阶段相联结的.我将这一过程称为"中转结果"(若这一结果是一个公式,则也可称为"中转公式",如牛顿对开普勒第三定律所做的说明那样).但在达到这一联结处时(此处有点像铁轨的分岔),将来的研究方向就要确定下来,这就更清楚地说明了意识的指导作用.而这里的意识,是很容易被人误认为是从属于无意识的.

以上所介绍的内容在某种意义上讲是很明显的,但懂得它对于我们也不无裨益,因为它把研究者的心理过程告诉了我们,且可帮助我们广泛地了解数学的结构,如果没有对先前结果的严格证明和精确化,特别是没有对我们称之为"中转结果"的系统利用——从一个结果出发,推导出尽可能多和尽可能好的推论——那么数学的发展将是不可能的.正像用一条平行于底边的直线去截一个三角形,就会得到另一个完全相似的三角形,这是一个自明的事实,但从这一点出发,需要经过详细的研究,才能产生出一系列的其他性质.

5.5　酝酿和中转结果

上面所说的情况和第三部分所说的情况是有联系的,至少对于我自己是这样的.当中转结果出现时,毫无疑问地存在着一个过程,它不同于第三部分中所说的酝酿,因为它常常要对先前的结果进行消化,或者说,需要在我们的意识边缘中对其进行分类,以便"贮备待用",这样才可方便而迅速地找到它在推理综合模式中的地位(见第四部分).不可否认,这一过程是无意识的,因而它对应于酝酿阶段.当我取得一个中间结果,并且看上去会有益于将来的研究时,我就有意识地丢开工作而去睡觉,等到第二天早晨,我就发现,它已经"贮备待用"了.

六 综合和符号

6.1 发明中的综合

梭里奥在其《发明的理论》一书中写道："不知代数学家是否知道，当他们把自己的思想以符号的形式融贯于公式之中以后，他们的思想变成了什么？他们在做每一步运算的时候，是否都能清醒地把握住自己的思想？毫无疑问，不是这样的.他们已经暂时地忘记了自己的思想，实际上只是在机械地按照已知的规则执行运算，并对这种纯粹的符号运算所得到的结果深信不疑."

我们已经说过，这位作者是很少从专家那里获取信息的.如果他能多拜访一些专家，他就不至于说出以上的话来.当然我们也不能说他的话是完全错误的.粗略地讲，如果他以上所说的仅仅是指证明的最后阶段以及把结果精确化的过程，那也许是对的.但在一般情况下，情况不是如此.数学家并不盲目地相信自己通过运算所得到的一切结果，他们懂得运算中的错误是经常发生的.而且当我们的无意识或下意识预见到一个结果后，虽然证而无果，但这也完全有可能是证明过程中出了差错，而并非这个预见不正确.

如果梭里奥以上所说的不是指证明的最后阶段，而是指研究工作的全过程，那么此说只能是针对小学生（而且是很糟糕的小学生）的情况而论.事实上，撰写一篇数学论文的思维过程，既与我们在第二部分中提到的辨别一个人面孔的情况很相像，也与下棋者的情况很类似，有些著名棋手甚至可以不看棋盘的同时下 12 盘棋.艾尔弗雷德·比内（Alfred Binet）等人曾研究过这些著名棋手是如何能如此下棋的，研究结论是：对于这些棋坛高手来说，每一盘棋都有一个总体的"相貌"，无论这相貌有多么复杂，但在高手们看来，依然不过是一件物品而已,这就像我们所看到的一个人的面孔那样.

而这种现象是在任何一类发明过程中都必然出现的.我们曾在莫扎特的信件中看到过类似的陈述,又如艺术家英格里斯(Ingres)和罗亭(Rodin)也有过类似的论述.只是才能非凡的莫扎特似乎不需要任何努力即可达到这一点,而罗亭写道:"对于雕塑家来说,在他的整个工作过程中,他都必须完全清醒地意识着,并且竭尽全力地保持着他的总体思想,同时还要在工作过程的每个细节中,把这一总体思想不停顿地付诸实施.若不使自己的思想始终处于高度紧张的状态,这是不可能办到的."

同样地,任何数学论文,不管它有多么复杂,对于我来说,也不过是一件物品.如果我没有在总体上掌握它,我就不会感到自己已经对它完全认识了.但不幸的是,对于罗亭来说,要达到这一点,须付出艰巨的劳动.

6.2　符号的作用

下文即将考察如何用符号来具体地表达思想的问题,该问题和刚刚讨论的问题有一定的联系,这种考察属于直接反省的领域,并可能仅仅依赖于我们在第二部分结束时所讲到的意识边缘.然而我们将要看到,这种考察的主要结果很可能存在于我们的更深层次的无意识中,虽然这种无意识并不直接为我们所感知.

6.3　语言思想和无语言思想

表达思想的最典型的符号组成了语言,但其中存在着众说纷纭的问题.

我对此问题的最初印象是在读到《时代》(*Le Temps*)一书(1911 年)中的下述一段话之后产生的:"思想必然是通过语言表达的,并且仅存在于语言之中."但我当时感到此书作者的思想是很平常的.

更为令我惊奇的是,我看到像马克斯·米勒(Max Müller)这样杰出的心理学家和东方文化研究的专家也在说,没有语言就没有思想.甚至更为难以理解的是,他说:"我们是怎么知道有一个天和这个天是蓝色的呢? 如果我们没有'天'这个词,我们能知道有一个天吗?"赫德(Herder)十分赞同这个说法,他认为"没有语言,人们就绝不会恢复理智",而且他进一步补充说,"没有语言,人们甚至连意识也丧失殆尽".照此说法,岂非不会说话的动物就没有意识[1]了?

马克斯·米勒声称,他关于没有语言就没有思想的论断是对任何进化理论的反对,即他以此论断证明了人类不应屈尊而降位于任何动物种类之列.但是对于这种推理,即使我们承认了它的前提,其结论仍然是令人怀疑的.科勒(Köhler)在《类人猿的智力》一书中说黑猩猩肯定具有推理能力.如果我们重视这一论点,那么米勒的意见就更站不住脚了.

马克斯·米勒还回顾了历史上对语言和思想问题的各种讨论,我们以后会再次提到其中的重要部分.这种回顾是有意义的,因为他先给出了过去对这一问题的各种观点,最后也叙述了米勒本人的观点.首先我们看到,希腊人最初用"逻各斯"(Logos,意为世界的普遍规律性)一词来同时表示语言和思想两层意思.当然只有后两个词——语言和思想——才可以把两者的性质加以区别,而米勒却认为"逻各斯"一词比后两个词更为正确.

中世纪的一些学派也赞同希腊的早期哲学.公元 12 世纪,阿贝拉尔(Abelard)这样说道:"语言由智力所产生,但它也产生智力."类似的说法甚至在现代哲学家霍布斯(Hobbes)那里也可找到,一般地说,他赞同中世纪学派的观点.

但是,一般说来,随着由笛卡儿首创的"思潮"的兴起,在这个论题上(像在许多别的论题上一样)产生出了不同的流派.在日耳曼,仅仅只有一个时期,大约是 1800 年,有些哲学家接近了米勒的"真理".比如,黑格尔(Hegel)总结说,"我们在语言中思维",并且好像无人怀疑这个观点.

然而,另一些现代的大哲学家却认为语言和理性并不那么确切地一致.精确地说,其中最杰出的学者——洛克(Locke)、莱布尼茨,甚至康德(Kant)或斯科彭豪尔(Schopenhauer),或更近代一些的约翰·斯图尔特·米尔(John Stuart Mill)——都对这种一致性持全面的怀疑态度.如果说莱布尼茨在这一问题上没有公开地表明怀疑态度的话,

---

① 马克思主义哲学指出,意识是人脑对客观物质世界的反映,也是人类社会的产物.——译者注.

那么哲学家贝克莱(Berkeley)却是绝对明确的——都是立足于相反的看法:他相信,语言是思维的最大障碍!

马克斯·米勒在这个问题上的激烈观点促使他把现代思想家的一般态度都称为"缺乏勇气";实际上,只是这些现代思想家对自己思考范围之外的事物不去妄加评论而已,而这才是科学的谨慎态度.

不管米勒承认与否,对他的观点的怀疑是客观存在的.就在他的《思想科学讲座》一书出版后,怀疑也就随之产生了.事实上,这种怀疑是来自多方面的.例如,杰出的遗传学家和第一流的学者弗兰西斯·高尔顿就提出了这种怀疑,高尔顿在心理学上是有开创性贡献的,并在许多方面做出了十分重要的成果,但他的内省习惯使他断言:他的思维过程就不是像米勒所说的那样,总是以唯一可能的方式进行的.他说,不管是在玩台球,或是计算击中的球数,还是研究更高级、更抽象的问题,他的思维并不总是伴随着语言进行的.

高尔顿还补充说,他有时在进行思维活动时,有些没有意义的词会伴随着自己的思想而出现,"犹如一首歌的曲调①也可伴随着思想一样".当然,这种没有意义的词与实词是不一样的,以后我们将会谈到这两种词各自对应什么样的意象.

如何整理自己的思想,对于高尔顿来说也绝非易事.他说,整理思想"就是在我写作时的一个严重的停顿,而且在对自己说明的时候,这种停顿甚至更为严重.用语言来进行思维,对于我不像其他事情那么容易,常常发生这样的事:经过对某个问题的艰苦研究,并且获得了结果,这个结果相当完美,我自己也非常满意;但当我试图用语言把它们表达出来时,我必须重新把我放到完全不同的智力水平上,我不得不把我的思想翻译成语言,而语言却常常跟不上思想.所以我浪费了大量的时间去寻找恰当的词和句子,我知道我最后仍然表述得很笨拙、很含糊.这是我生平最感不安的事情之一".

在此我引用了高尔顿的一大段论述,从这段论述中,我好像看见了我自己,包括那些所经历过的、令人很遗憾的表达不清的困境在内,所以我和他有相同的感受.

---

① 而不是它的歌词.——译者注

马克斯·米勒非用语言进行思维不可,并不意味着大家都非要如此不可.对我本人来说,如果我心里产生了一个思想的闪光,这时我需要一瞬间的回想.这一瞬间很短,但确实存在这么一段时间;而如果我需要寻找一个与之对应的词语,则跟高尔顿一样,这种从思想到语言的翻译,总需要经过或多或少的艰苦努力.这就证明了思维并不总是伴随着语言的.对此我还有一个实质性例证,即除了数学之外,如果我没有事先打好草稿,则很难进行任何讲演.只有打好草稿,我才能避免为表达我心里的一个很清楚的想法而产生的长久而痛苦的犹豫.

高尔顿合理地指出:米勒完全不懂得别人的智力活动可以和他的不一样,虽然这是一个很容易犯的错误,但对一个从事心理学研究的人来说,犯这种错误就很奇怪了.事实上,根据我刚才的讨论,各人的智力活动大相径庭,究竟是否如此?这个问题不应该由辩论去解决,而应该通过广泛的调查去解决——要调查各个种族、各个阶级、各个层次的人,不仅仅局限于知识分子.高尔顿曾经尽可能地为此问题而询问了一部分人,其中有一定数量的人,在思维过程中习惯于不使用语言.可惜对于这"一定数量",高尔顿未能给出确切的百分比,虽然他很熟悉统计学运算.其中的一个可能的原因,我们将在下文中提及.

6.4 在日常思维中的心理图像

除了语言之外,思想还可以有其他的表达方式.亚里士多德认为,如果没有"意象"①,我们就不能思维.泰纳的名著《论智力》一书,主要就是论述思维中之意象的重要性,在此书的第二卷开头,他把意象认定为知觉的再现和蔓延,也就是自发地复活的知觉.但后来他又相信自己过分地夸大了意象的重要性,他认为,意象是个很独特的东西.

差不多在同一时期,艾尔弗雷德·比内用实验方法对这个问题作了重要的研究.他调查了 20 个人,其中主要的是他家中的两个小姑娘,一个 13 岁,一个 14 岁.对心理学研究来说,调查这种年龄的孩子是适宜的.比内对这些人提出一些问题,其中有些是纯实验的,但大部分带有自我反省的性质.比如,他提出一个问题,或说出一个单词,然后问他们当时联想到什么样的思想和意象.对这种研究方法,有人持

---

① 这是指一种意念中的形象,或说心理中的图像.——译者注

批评态度(其实对整个心理学实验方法都有人反对),他们认为在这种研究中,实验者本人所提的问题往往带有倾向性.但事实上,比内还是很客观的,有时所得到的回答甚至完全出乎他的意料.所以即使是对此方法持反对态度的心理学家也认为,这种方法不能说完全无效.

在比内的实验中,顺便问及了语言问题,其中一个小姑娘说,在用词语回答问题时,就好像出现了一个意象,而这个意象打断了原来的思路.意象的出现对于她来说,像是一种感觉突然而至.高尔顿曾充分利用这个回答来反对马克斯·米勒的理论.

更出乎意料的是如下的完全不同于泰纳理论的回答:"为了得到意象,我就不能再去想任何事情.思想和意象是互相分离的,从不同时出现.当我听到一个有许多含义的单词时,开始并没有任何意象出现,我必须稍等一会儿,等到所有的思想都被排除之后,联系于这个词的意象才开始出现,而如果我又开始思想,则意象就凋谢了,或改变了."

对此,比内后来总结说:"我相信他是完全对的.我承认在意象和沉思之间存在着对抗,而且意象愈是集中,这种对抗就愈严重.最美妙的意象总是产生在幻觉和梦想中."高尔顿和另外一些人还注意到这样一个事实,妇女和儿童富于想象,而成年人却善于沉思.

后来,德维尔绍夫和他的学生们也做了类似的实验,在意象出现的问题上,他们得到与比内很接近的结论.他们发现,只有在自己的思想完全自由时,比如当他们刚醒来而漫无目标地幻想时,意象才会出现.但若他们一旦完全清醒,并且意识完全占据了主导地位之后,意象也就削弱了,暗淡了,它们好像又退缩到一个未知世界中去了.

6.5　集中思想时的心理图像

还有更近代的一些作者也对思维中的语言和意象问题做过研究,但其中大部分结果互相类同,因而不再赘述,因为只有那些必不可少而又类型不同的对象才是我们感兴趣的.

心理学家已经为我们划分了两种思想.其一是"自由思想",即让自己的思想任意驰骋,没有一个特定的目标;其二则是"控制思想",

即思想要有一个明确的方向,不过第二种说法不太确切.当然,比如当问你今天是几号时,你的思想是有明确方向的,此时称为"控制思想"也未尝不可;但这和发明的情况完全不同,发明不仅仅需要控制,而且需要某种努力去集中思想.因此,我们说,还有第三种类型:集中思想.

没有理由认为这三种类型的思想过程是一样的,事实上,它们也确实不相同.我们现在关心的是最后一种类型.

6.6 比内的观点

比内基于他的一系列实验结果而倾向于认为:语言与意象均可用严格的形式表达感觉和思想,要是没有它们的话,思想就可能含糊不清.语言与意象甚至还可以促使我们意识到某些尚处于无意识状态下的东西,为了让无意识转变为有意识,确切地说,为了让那种模糊的无意识状态下的思维走向精确的有意识状态下的思维,语言和意象是必需的.

曾经有一段时间,我同意比内的这个观点.事实上,这个观点在一定程度上满足如下两个似乎是互相矛盾的条件:

(1)意象对思维的进行是绝对必要的.

(2)我们没有受意象的欺骗,也永远不会受到意象的欺骗.

但是,后来的进一步研究却使我得到了不同的结论.实际上,比内或德维尔绍夫所研究的,并不是我们这里所说的发明情况.他们研究的是"控制思想",而不是我们这里的"集中思想".比如两个小姑娘被问到这样的问题:"当你回想你昨天做过什么事情的时候,你心里出现了什么景象?"又如我在比内的书中所看到的最为困难的问题是:"假如给你三小时的自由活动时间,你想一下你喜欢做什么?"诸如此类的问题当然不是我们所研究的发明情况.

6.7 我本人的观察

在研究一个数学问题时,情况就和上面所说的不一样了.当然,我在开始的时候就已经提到,它们之间没有什么本质的区别.我希望能考察一下,当我们在着手研究一个数学问题,或者去理解一个数学问题时,我们心里出现了什么景象?

　　我觉得自己在真正想一个数学问题时,语言是完全不会出现的.在这一点上,我同意高尔顿的意见,即只有在读完或听完一个问题以后,我才开始想这是什么意思,并且在我完成这件事或放弃这件事之前,语言不再出现.我也完全同意斯科彭豪尔的意见,他说:"一旦用语言来描述思想,思想即已停顿."

　　我在这里还想强调指出,不仅是语言,甚至连代数符号对于我来说,也是同样的情况.只有在进行极容易的演算时,我才使用代数符号,一旦问题很复杂,这些符号对我就几乎成为沉重的负担了,此时我就用完全不同的方式来表述思想了.

　　科学史上,欧拉(Euler)所给出的下述例子是众所周知的.他为了向一个瑞典王子解释演绎的特性,而用圆来代表一般的概念.让我们考虑 A 和 B 两类事物,如果"凡是 A 都是 B",则我们就想象圆 A 位于圆 B 之内;而如果"没有 A 是 B",我们就想象圆 A 和圆 B 完全不相交;如果"某些 A 是 B",则想象成圆 A 和圆 B 相交.我自己在进行某种推理时,也不用语言来代表思想,语言并不能使我看清这个推理过程是否正确,我使用类似于欧拉的方法,不过不是用圆圈,而是用某种不固定的图形来表示.我不拘泥于用一种确定的形式来表示究竟是在里面还是在外面的问题.

　　让我们来考虑一个较为简单的例子,即算术中的一个基本而著名的定理:素数的个数是无限的.我现在重复一下这个定理的经典证明,同时写出我在读到这个证明的每一步时的心理意象.比如,我们要证明存在着比 11 大的素数:

证明步骤	我的心理意象
①我们考虑所有从 2 到 11 的素数,即 $2,3,5,7,11$	①我看到一堆乱七八糟的数
②我计算出它们的乘积 $2\times3\times5\times7\times11=N$	②N 是一个相当大的数,我眼前出现一个点,它远离那堆乱七八糟的数
③我在这个乘积上加 1	③我见到第二个点,稍稍离开第一个点
④此数若不是素数,必定能被一个素数除尽,这个素数就是所求的素数	④我在那一堆数和第一个点之间看到一个位置

　　这样一种奇怪而模糊的意象究竟有何作用呢?诚然,它未能提供任何有关数的整除性或素数的性质之类的信息;但它仍然是十分重要的,甚或是最重要的,因为任何能够提供给我们的这类信息都或多或

少地是不精准的,也很可能欺骗了我们,但这种意象的方法却可以满足我们预先期望的条件(2)——意象不会欺骗我们.反过来说,如果不用意象思考,条件(2)就会部分地被比内的假设所替代:"让无意识思想精准化,就要去冒改变它们的风险."

但在同时,我们也容易理解这种方法对于我弄懂上面的证明是必需的.为了能对各个论据同等看待,并把它们放在一起做出综合,也为了弄清它们之间的联系,总而言之,就像我在这部分开头所说的那样,为了给出这一问题的整体相貌,我需要意象方法.这个方法虽然不能告诉我各个论据之间(如数的整除性、素数的性质等)的具体联结方式,但它至少可以提醒我,这些联结是如何配置的.如果沿用庞加莱的比喻,则可以说是为了使那些带钩子的观念原子之间的组合一旦获得就不再丧失,这种意象方法是必需的.

实际上,在我所从事的全部数学研究中,我都会构作这样的图像,它一定是一种模糊的图.有了这个图,我才不致误入歧途.这里我再谈一个我的研究工作中的例子,我要考虑一个无穷数列之和,想要估计它的量级.在这个数列中,有的很大,很突出,有的则很小,甚至可以忽略不计.在想这个问题时,我并没有看到公式本身,而只是看到一个长条形的东西.有的地方比较厚,颜色比较深;有的地方则比较薄,颜色也比较淡.也有的时候,我好像看到了这个公式,但它仍然很不清楚.并且似乎由于我戴着眼镜,我看不到它的端点,但在那些重要的地方,字迹还是比较清楚的.

我曾告诉我的朋友说,当我埋头于数学研究时,我有一个很特别的方法.我指的就是上述方法,即在我的头脑中总是出现诸如此类的图像.

该问题还跟智力疲劳的问题有联系.我问过一些杰出的心理学家,特别是路易·拉皮克(Louis Lapicque),为什么脑力劳动会产生疲劳?若从体力劳动的观点来看,脑力劳动并没有劳动.拉皮克告诉我说,如果说脑力劳动是劳动,那只是翻翻书的劳动.但是疲劳是确实存在着的.比内等人都曾写过有关的重要著作,从心理学观点研究过这一问题,但其中有许多内容都超过了我们现在的研究范围.从心理学观点来看,有一点是可以肯定的,即疲劳是由于综合而造成的,即由于必须给所研究的问题以一个整体的研究而造成的.但对我来说,疲劳乃是由于要构造一个恰当的图像而造成的.

再补充一两个附注.

如果我在一块黑板上写下"$2\times3\times5\times7\times11$",上面所说的图像立即就会从我心里消失,因为此时那个图像已不再起作用了,它自动地让位于我眼前的算式.

我又注意到,我实际上是属于听觉类型的,我对于声音记得很牢.但我的心理图像是属于视觉范围的,我对此有点不适应.其中的原因我完全清楚:这种可见图像虽然模糊,但只要不致给我造成错误就行了.

但应指出,刚才我所说的情况,主要是针对研究算术、代数和分析等领域而说的.当我进行几何学的研究时,我心中就都是几何图形本身了,虽然这些图形也并不充分,并不完善,但它却能向我提供综合的必要信息.这是一种根深蒂固的习惯,它可以追溯到我儿童时代所接受的训练.

下述经常发生的情况看起来似乎是矛盾的:在几何问题的研究中,我曾成功地运用一种完全不同于刚才所说过的综合过程的方法,即把图形的某个局部抽出来考虑,这种研究的结果将成为"中转结果".然而即使在此种情况下,整个问题却仍然在总体上被我所把握住,"中转结果"也在综合过程中占有一席之地.正如布特鲁所指出的,笛卡儿就说过这种过程在希腊时代的几何学中是屡见不鲜的.

6.8 全意识和意识边缘的各自作用

上面的分析表明,思想高度集中时,我们是完全处在意识状态或意识"前室"状态下的.如同我们在前面所谈到过的,这种高度集中为我们区别意识和意识边缘提供了可能性.在其他情况下这种区别比较困难,而在这里就比较容易了.

那么,刚才所说的情况告诉我们些什么呢? 也许可以认为,研究各个部分的具体联结是在全意识状态下进行的,而对应的意象属于下意识.但是我个人的自我反省却使我得出了相反的结论:我的意识全部集中在意象上,更确切地说,集中在全局的意象上,而各个论据的具体联结却停留在意识"前室"中,只有当精准化的工作开始时,它们才被召唤出来.

这个情况最清楚地说明了意识边缘的作用和性质:它是为意识服务的,一旦需要,它就立即出现.

6.9 研究的另外阶段

如果存在一个酝酿阶段,即还存在一个更深层次的无意识阶段,情况又会怎么样呢?当然,这里不会有直接的答案.但是考虑到如下这个事实,即酝酿本身也是以最合适的方式去满足条件(1)和(2)的,故可设想,这里也有类似的情况.

我甚至还认为顿悟也有差不多的类似情况.当我考虑前面说过的那个例子时,我好像见到一个长方形的草图,它的两条铅垂的边画出来了,四个位于对角线端点的点表示矩形的四个顶点,但对角线本身却又不甚清楚.这当然是一张很粗略的图,但它的符号意义对我来说已是一目了然.根据我的记忆,1892 年时,我就是用这样一个略图来研究问题的.当然,这大约已是半个世纪之前的事了,因而记忆不太准确,但我认为,这种符号图形在综合地研究问题时是必需的,而对我来说,这样的综合至少对于产生顿悟是必要的.也可以说,顿悟就是从或深或浅的无意识层次中转化为意识边缘的,而这种转化又只有在自我意识的符号图形中才能实现.

有些作者注意到,这种意象按某种方式与意象的含义有一定的联系,但有时两者又相互独立.依我看来,这种既联系又独立的现象可用意识边缘的干预作用来解释.

在研究工作的后期(证明阶段,或说精确化阶段),我可能使用代数符号,但常常不是像通常那样正规地使用它们;我不去花费大量的时间写出整个方程,而只是大致地写出一些,并把这些方程或者方程中的一些项,根据我自己的需要而排列成很奇特的,甚至近乎滑稽的次序,就像电影剧本中的演员一样,在我考虑到它们的时候,它们就可以与我对话.但若这个计算过程因故而被打断并搁置下来,几天之后,当我重新拿起纸来的时候,我自己原来写的那些东西竟变得面目全非、毫无生气,我几乎什么也看不懂了.这时我只有把它们全部丢开,重新开始.只是那些业已证明了的公式尚可作为中转结果使用.

至于语言,只有当我为了告诉别人而且必须详细地把结果写出来或说出来时才被动用,或者有时为了描述中转结果而被使用.正如威廉·哈密顿(William Hamilton)所指出的:在后一情况下,"为了给出思维过程中稳定下来的中间阶段,为了描述研究过程中的新的起点,语言作为工具乃是必需的".

6.10 另外的概念

自从获知心理学中有一个"行动学派"之后,我对他们如何处理我们当前的问题,以及他们是否同意我的观点,始终感到疑惑不解.对于行动学派来说,人们不需要用语言来进行思维,在他们看来,思维就像耸耸肩膀、眨眨眼睛等动作那样,是由肌肉的活动构成的.

但在我自己的研究过程中,并没有觉察到有这样的肌肉活动.当然,在我沉思的时候,我自己也不可能注意到这样的活动;但那些与我朝夕相处的人,或者目睹我工作的人,也都没有看到过这样的肌肉活动.他们只是看到,当我集中思想考虑问题的时候,我有一种深邃的目光.事实上,我看不出有任何肌肉活动能帮助我弄清疑难问题.相反地,如同我们知道的那样,适当的意象却是对此颇有用处的.

6.11 对数学家的调查

对于我们当前所研究的问题,自然应该到数学家那里去了解一下他们的一般态度.然而十分可惜的是我已经无法了解到法国数学家的反应了,因为我在研究该问题时,已经离开欧洲大陆而到美国来了.我只能向那些在美国出生的或居住在美国的数学家了解情况.他们的回答竟与我的想法很相像.实际上,几乎所有的人不仅在思维过程中避免使用语言,甚至还避免使用代数符号或者任何其他的固定符号.他们也和我一样,总是运用模糊的意象思维.但也有两三个例外,其中最重要的一个大概是世界上最杰出的数学家之一的乔治·D. 伯克霍夫(George D. Birkhoff)了,他习惯于借助代数符号进行思考;而罗伯特·维纳(Norbert Wiener)则回答说,他有时用语言思考,有时不用;杰西·道格拉斯(Jessie Douglas)一般也不用语言和代数符号思维,但他却借用语言的韵律,这是一种类似于莫尔斯码的语言,其中只出现某些单词的音节强弱及数目.这当然与马克斯·米勒所指的用语言思维中的语言大相径庭,但与高尔顿关于无意义单词的运用,倒有某些相似之处.

G.波利亚(G. Pólya)的情况却不一样,我之所以要说到他,不仅仅因为他在数学上有很重要的贡献.波利亚是完全用语言进行思维的,他曾写信给我说:"我相信,对于一个问题的关键性思想总联系着一个恰当的词或句子.这个词或句子一经出现,形势即刻明朗.如同你所说的,它给出了问题的全貌.语言可能略略超前于关键性思想,也可能紧紧跟随于其后出现,也许可以大致地说,它们与关键性思想是同时出现的.……一个好的词或一个恰当的句子,可以帮助我回忆起那个关键性思想.当然,这比起图像或数学符号来,可能不那么直接和客观,但在某种意义上,两者相差无几:它们都可以帮助我们把思想固定下来."进而他还发现,一个经过选择而表示数量的适当字符,也能给他以类似的帮助;某种双关语,不管好坏,往往也是有用的.

波利亚的情况很特殊,我从来没有听到其他人这样回答过我的有关问题.但即便是波利亚,他也没有把思想和语言等同起来,因为他是用一个词或一两个字母来表示一长串思想的.他的心理学过程实际上和斯坦利(Stanley)的说法很吻合:"语言作为表达的工具,它只能传达那些能够被传达的东西,如客体、思想、感觉等,而且是用一种从实际中训练出来的、最概括和最无意识的方式来表达的."

我所听到的数学家们所说的意象常常是形象化的.有一些人考虑起问题来很积极,也很生动;但也有些人比较被动,更愿意阅读别人的文章,即使是对于这些人(例如 J.道格拉斯),他们的形象化了的心理意象也是模糊的.对于 B. O.库普曼(B. O. Koopman)来说,"意象只是作为符号,而不是作为图形联系于数学思想的",这和波利亚差不多.库普曼的意见在如下一点上是和我一致的,即只有当对应的论据已经事先贮存在意识前室中时,意象才会出现在意识中.

理波特也曾向许多数学家询问过这一问题.有些人回答说,他们在思考问题时使用纯粹代数的方法,即用符号作为帮助;另一些人则说,总是需要一个形象化的东西来帮助,虽然有时这种形象化的东西完全是自己虚构的.

6.12　笛卡儿的一些思想

笛卡儿在其著作《探求真理的指导原则(*Regulae ad Directionem Ingenii*)一书的后半部分,讨论了意象在科学研究中的作用.他好像也有类似于我们刚才所称之为过程的想法,这一点至少可以从后来皮埃尔·布特鲁的分析中得到证实.比如,布特鲁曾转述过笛卡儿如下的话:"意象本身不会产生科学,但在某些情况下,我们还是要求助于它.首先,它可以使我们的思想集中于我们所要考虑的问题;其次,它还能使我们从沉溺的思想中醒悟过来.……在用推理解决问题时,意象的作用是首要的.因为在把推理过程中的结果一一罗列之后,就需要记住它们,而记忆可以帮助我们把那些暂时不用的资料储存起来.但若这些被考虑的资料既不按意象的方式经常在脑海中出现,又不将它们在各个例子中全部奉献出来,那么,这些资料就有被忘掉的危险."

这就是意象的作用,也与前文所述相一致.但是笛卡儿又怀疑意象介入的可靠性,并试图把它们从科学中彻底赶走.他甚至责备古典几何对于意象的借助.他希望先把意象从数学中驱逐出去,进而再将它们在整个科学领域中都扫除干净(他希望这样做,但并没有成功)——数学比起其他科学来,更是纯理性的.

为了说明我们对笛卡儿的这种思想的看法,先让我们回顾一下现代数学家们是如何实现笛卡儿的计划的.首先,众所周知,笛卡儿本人所创立的解析几何可将古典几何学转化为数学运算.但是我们知道,这种从图形向数字的转化,在数学家的心里(至少在某些数学家的心里)仍然是伴随着意象进行的.

更近代一些,杰出的数学家希尔伯特(Hilbert)对几何原理进行了严格的处理,使得几何学完全摆脱了图形的直观而建立在一个不同于以往的基础之上.希尔伯特在他的名著《几何基础》一书的开头就写下了如下一段被现代数学家引为经典的话:"让我们考虑三个系统的事物.第一个系统内的事物称为点;第二个系统内的称为直线;第三个系统内的称为平面."事实上,这种称呼本身就表明了相应事物所代表的意义.

从逻辑上说——当然这是基本的——不再求助于直观的目的已经达到,即所有的几何直观均被排除,并在以后的展开中始终都不需要这种直观.但从心理学观点来看,是否真能如此呢？当然不是.毫无疑问,虽然希尔伯特是依靠他的若干条公理化的"几何原则"展开全书的,但在实际上,他仍然是不断地被他的种种几何直观指引着的.如果有人怀疑这一点(其实没有一个数学家会这样怀疑),可以请他去读一下希尔伯特的这本书,此书的几乎每一页上都隐含着图形.不过,这并不妨碍读者们断定,从逻辑上来说,具体的图像完全可以不再需要了.

此处再次出现了这种情况:人们虽然被图像所指引,却并没有被它所控制.这是由于意识和意识边缘的存在而造成的.

如此看来,笛卡儿指责希腊几何只考虑图形是没有多大道理的,这是由于对逻辑和意象之间的误解而造成的.实际上,几何学中的证明和"素数是无限多的"这一定理的证明都是类似的:严格的逻辑思维和心理图像是同时存在的.

6.13 其他领域中的思想者

在数学之外的其他领域中,我们没有多少材料.然而十分奇怪的是,在上文所述的比内的书中却提到,甚至在自由思维中,意象也能为表达更精准的思想而出现.

经济学家希德维克(Sidgwick)在1892年国际实验心理学大会上报告说,他在经济问题的研究过程中总是伴随着意象,而且这种意象往往具有随意性,有时还会使用莫名其妙的符号.例如,他经过很长时间,发现自己在思索"价值"这个词时,伴随而至的意象是一架不太清楚也不太逼真的.放置着某些东西的天平形象.最令人感到惊奇的是,有些作曲家在创作时,音乐作品中的某些片段,竟然能以一种可见的形象呈现在他们的面前,这也许可以称为"音乐视觉"(tonvision)吧！此时,他还没有找到乐句来精准地表述这个形象,但他已看到了这部作品的主线和主要特征.当然,为了表述这个形象,究竟还缺少些什么层次的音乐,这是很难说清楚的.

　　我还调查了其他领域中的一些从事脑力劳动的人,虽然答案是多种多样的,但也看不出与前文所说的情况有什么本质的区别.

　　有些科学家告诉我说,他们的心理意象和我所描绘的情况很相似.例如克劳蒂·勒维-施特劳斯(Claude Levi-Strauss)在研究人种历史中的一个困难问题时,跟我一样,脑海中出现了不很明确的草图式的形象,而且这个草图是立体的.当问到一些化学家时,几乎所有的人都绝对肯定,在心理图像的帮助下进行无语言思维的现象实际上是存在的.但是生理学家安德烈·梅耶(André Mayer)与众不同,他的思想直接以公式的形式出现,所以他在记录思想时就无须去做再次努力了.

　　了解一下医生在诊断病情时的心理状况,也许是令人感兴趣的.我曾有机会就这一问题而问过一个名医.他告诉我说,他给病人诊断病情时并不使用语言思维;但他又说,在研究理论问题时,他又用语言思维了.

　　心理学家理波特首次发现了一种很奇怪的思维类型,而且发现这种类型的人要比人们所预料的多.他把这种思维类型称为"印刷体类型",即心理中的意象是由印刷体字母表示出来的.理波特发现这样一个人,此人也是一位著名的心理学家,当他生活在狗群之中,并且每天拿它们去做实验时,伴随着"狗"这样一个概念的,不是任何具体的狗的形象,而是"dog, animal"(狗、动物)这样一串印刷符号.同样地,当他听到他的一个亲密朋友的名字时,他的头脑中首先反映出来的不是朋友的形象,而是他的姓名的印刷字母,要经过某种努力之后,才能想象起他的朋友的模样来.还有,对于水、二氧化碳和氢气等物质,他一想起它们的时候,首先出现在脑海中的也不是这些物质本身,而是它们的印刷体全名,或者是它们的化学符号.这真是件怪事,但此事的真实性却毋庸置疑.理波特进而发现这样的人还不少,只是各人之间在细节上不尽相同而已.还要指出,根据理波特所说,这种印刷体思维类型的人,完全不知道别人并不按照他们那种思维方式去思维.

　　这样一种心理状态,我们已在前文述及马克斯·米勒时见到过了,他也不知道人们的思维类型会互不相同.这样,我们又遇到了一个心理学上的新问题,当然它已偏离了我们的主要论题,该问题的某些方面似乎可以称为"心理不理解".众多的例子说明了这样两个事实:(1)不同的人在心理学的一些基本观点上是不同的;(2)因而,一种类型的人几乎不能理解另一种类型的人的心理.

6.14　用语言进行思维是不是很方便?

因此,我也必须自知,我对其他心理类型的人恐怕也是不能理解的.事实上,我也确实难以理解"印刷体类型"的人或者语言类型的人究竟是怎么思维的.

既然像马克斯·米勒这样的一流人物,都确实是用语言思维的,那么理波特也没有必要不说出他所提到的"印刷体类型"心理学家的名字.我感到遗憾的是他没有说出这个名字,因而我们也无法对他的工作去做出什么评论.

对于我们这些不用语言思维的人来说,要理解那些用语言思维的人的主要困难,就在于我们不能明白,他们如何能确信自己所使用的语言不会把他们引导到错误的道路上去呢? 如同理波特所说:"语言很像纸质货币(钞票或支票等),既是有用的,又是危险的."

这种危险也已为一些人注意到了.例如洛克就说过,有不少人用语言来代替思想.我们还知道,莱布尼茨在用语言思维时,深感语言对于思维的干扰和影响,并由此而产生一种烦躁的心情.更为奇怪的是,就连马克斯·米勒本人也曾间接地说到过这种危险.他曾对康德说:"语言一方面是整个思维官能的基础,另一方面也会由于语言而造成误解……对我来说,问题不在于去探究语言是如何造成误解的,而是要弄清什么是语言.我认为,这才是造成误解的原因."

如果米勒警告我们,要记住这种误解是由语言造成的,那就完全正确了.然而相反,他却断定:语言本身不会造成任何错误,"语言本身是清楚、简单和正确的,是我们自己把它搅浑了,弄糊涂了".

要是马克斯·米勒不把话说得那么绝对,我也许不会一次又一次地提到他.他在一本书中甚至这样写道:"思维科学奠基于语言科学之上."试问,他是否要我们相信:语言不仅伴随着思维,而且还管理着思维呢?

　　实际上,那些用语言思维的大多数人都知道,他们所使用的语言(不仅语言,还有种种辅助符号)都仅仅起着一种依赖于思想的标签作用.因而为了发挥这种作用,他们会或多或少地自觉使用适当的方法(这种方法也是值得去好好研究的).例如,波利亚较多地使用词语思维,他经常用一个单词来表达一长串思想,以使自己能记住这一串思想的中心内容.而杰西·道格拉斯则利用词韵来表达思想.我有一个在文艺界的朋友,他也是用词语来思维的,但他经常使用的是一些根本不存在的、自己杜撰的词.我认为,这种方法或许比杰西·道格拉斯或高尔顿的方法更为有效.

　　在哲学家那里,看来确实有一种混淆逻辑思想及其语言表达的倾向.比如威廉·詹姆斯抱怨道:"我们太拘泥于传统哲学了,以致普遍认为'逻各斯'或者推理才是达到真理的唯一手段;如果我们能回到非词语表达的生活中去,或许会有更多的发现者."由此不难看出他混淆了思想和语言这两个概念,就从他把"非词语表达"这个词与"逻各斯"相对立这一点来看,几乎可以肯定,他是在古希腊人的意义上理解"逻各斯"的.

　　这种混淆思想和语言的倾向,是否仅仅存在于那些认为思想和语言是一致的人身上呢?在读了艾尔弗雷德·富耶反对无意识概念的著作《观念力量的进化》(*Evolutionismedes Idées-Forces*)之后,我认为他也同样地混淆了这两个概念,虽然他不属于上述那一类人之列.

　　当我看到洛克以及类似于他的约翰·斯图尔特·米尔等处理不管多么复杂的问题,都认为语言是必需的时候,我感到有些不安.我认为事情恰好相反(大多数科学家也这样认为),问题越是复杂和困难,我们就越是不能轻信语言,我们就越是要警惕词不达意的危险.

6.15　一个有价值的描述

　　虽然在应用语言表达思维的问题上,各种各样的说法时有出现,但现在一般都认为,在思维中未必非用语言不可.另外,一些近代心理学家虽然还在坚持用语言进行思维的观点,但也和我们一样地注意到了下述一点,即本质上是模糊的意象对于思维的作用来说并不是完全准确地表达思想,而只是将思想符号化.

我不去详细地叙述这些著作了,但我很愿意说一下罗曼·雅各布森(Roman Jakobson)教授写给我的一封饶有趣味的信.雅各布森以语言学的研究工作而著名,而且对心理学问题也甚感兴趣.他这样写道:

"符号是思想的必要支柱.对于已经社会化(交流阶段)的思想和正在社会化(形成阶段)的思想,最通常的符号系统乃是我们称之为'语言'的系统.但对那些内在的思想,特别是创造性的思想,则往往要使用其他符号系统了.这些符号系统更加灵活而便于使用,当然它们比起语言系统来,显得不大标准,但却更为自由,更有利于创造性思想.在所有这些符号系统中,我们可以区分出习惯性符号和个人的符号两类,前者是从社会习惯中借用来的,后者则只是自己使用的.个人的符号又可划分为经常性符号(这是出于个人的习惯而经常使用的)和临时性符号(这是随意拿来并在某一项创造性工作中临时使用一下的)."

这一深刻而严格的分析已经十分完美地阐明了我们的意见,即在各个不同领域中工作的人都具有如上分析的这样一种类似的心理过程.这是一件很值得注意的事情.

6.16　关于意象的另一个问题

意象问题是泰纳的名著《论智力》一书中所讨论的重要内容.他对这个问题的处理与我们不大一样,他很少考虑"集中思想"的情况(前已述及,即有三种类型的思维:自由思想、集中思想和控制思想).他在书中提出了一个很有趣的问题,即虽然意象极为生动,但它为什么又和真正的感觉有所区别?为什么我们的意识能够区分意象和幻象?这可用我们刚才所说的观点来加以阐明.

我们的观点是:意象和思维可被认为是平行发展着的两个过程,它们经常互相引导,但又相互区别,甚至在某种程度上是相互独立的.这种相互引导而又相互区别的情况,乃是由于意识和意识边缘的合作才得以实现的.当然,在它们之间还存在着某种类似之处,因而研究其中一个就能帮助我们了解另一个.

6.17　意象是可以训练的

如上的考虑提出了一个问题,它很类似于第四部分结束时所提及的无意识的训练问题,即如果需要,是否可能对我们思想中的辅助符号的性质施加影响? 其实这一点已经有人做到了,蒂奇纳(Titchener)是做得最好的.他说他的思维本质倾向于采用内心独白的形式,但也担心自己年迈以后会越来越变成语言型的人,因而总是竭力使自己在尽可能大的范围内使用变化多端的意象进行思维,并且取得了成功.

这样,在他的思维过程中,语言的严重干扰就会被不时地更新的意象所打断.更奇怪的是,他不仅使用视觉形象,而且还使用听觉形象,即如音乐之类的东西作为意象.

对于视觉形象,他说:"这对于我是主要的,而且我还可以根据自己的意愿指导和生成(视觉形象).""无论读到什么内容,我总本能地将它们转化为视觉形象,并且就用视觉形象进行思维,如同我用语言进行思维一样.而且,若在某项工作中对于这种方法使用得越是得心应手,我对该工作的内容就理解得越是深透."

我认为,这种自觉地训练心理过程的成功,乃是心理学中最为杰出的成就.

6.18　利用中转结果

很显然,当某些部分的推理被相应的中转结果所取代时,必要的综合过程就会大大简化.这在使用意象进行思维时是特别重要的.

6.19　一般的注解

我以上所涉及的都只限于脑力劳动的情况,对其他情况的研究却遇到了困难.众所周知,"集中思想"和一般地想一些事情是不相同的,而普通人平常只进行一般性的思想活动.这也许就是高尔顿认为必须对一般的思维类型进行研究的原因.但是由于困难太大,这一研究没有能进行下去.

无论如何,我们还必须认识到,尽管以上所说的情况对于各种创造型心理来说是适用的,但对于不同的人而言,辅助思维的具体表示符号却是千差万别的.

6.20 补 遗

意识和意识边缘的区别,不易为一些科学家所注意,我感到有必要在这里再提醒一下.当我完成了一个推理过程之后,我总能十分容易地回忆起整个推理过程中所发生的情况.甚至在必要时,我能立即在上面所描述过的意象图案中,把逻辑结构从意识边缘中召唤到我的自我意识中来.

七 不同类型的数学心理

对于一至四部分中所考虑的无意识现象而言,许多数学家都是彼此类同的,但对于上一部分中所说的思维的表示符号而言,各人之间就不尽相同了.这部分将要讨论的数学思维方法也是因人而异的.当然,无论怎样因人而异,我们首先认为,人与人之间仍然具有共同的生理学基础.

7.1 常识的情况

让我们首先考虑一下人们为什么会有共同的常识.对此,我们可以回答说,大多数常识是由无意识形成的,当然,也许有少数常识是由有意识形成的.

无意识的常识往往是表面的知识,它们的论据与正常的推理没有什么不同.斯潘塞举过一个例子.假如你听说一个 90 岁的老人竟然自己动手盖了一间房子,你就会动用一个经典的推理:"每个人都是凡人,而此人也是人,故此人是凡人."因而这个 90 岁的老人是不可能做出此等壮举的.斯潘塞毫不费力地证明了这种推理是发生在意识边缘的,它可以立即过渡到意识中去,但过渡可能有不同的形式.在简单的数学推理中,情况也差不多.

但是,这种由常识进行判断的过程与我们对一些问题,特别是对一些具体问题(例如对几何或力学习题)的精细证明过程是不一样的.例如上文中所述的,用以判断这个 90 岁的老人不能做出此等壮举的常识,也许在孩提时代就已获得,它好像早就被深深蕴藏在无意识之中,甚至我们已经不能精确地说出它们是怎么来的了.这种常识也很可能是"经验主义"的,即不是产生于真正的推理,而是产生于我们的感觉经验.我们再举一两个例子.

假设我们扔出一个一个很小的东西,比如是一块小石子.它将根据自己的初速度和重力进行运动.常识告诉我们,运动是在一个垂直平面上进行的,这个垂直平面通过初速度的方向及其在地面上的投影.在这种情况下,虽然我们说不出为什么这个小石子会如此严格地在此垂直平面上运动,即不会偏离该垂直平面,但我们又几乎不会怀疑我们在下意识推理中是满足"充足理由律"的.然而对于上述问题的数学证明,情况就不大相同了.在理论力学中要证明以上的论断,就必须运用微积分.也就是说,若要把常识所告诉我们的这个结论转换为严格的数学证明(要证明,当初速度的大小和方向给定之后,运动轨迹就被确定在一个垂直平面上),则要用到高等数学的知识.所以在正规的教育中,常识与严格的证明相比,后者才是根本的.这一点在下文的例子中将得到说明.

让我们考虑一个几何学上的例子.如果我们在平面上画一条曲线,设有一个点在这条曲线上连续运动.常识告诉我们,除了少数几个点之外,其余的任何一点所在的位置都有切线.换句话说,在任何时刻,运动都有一个确定的方向.也不知我们的常识(也就是我们的无意识)是如何得出这个结论的.也许是凭我们的经验,也许是凭我们平时对曲线的一种习惯性印象.但在实际上,这个结论是错误的,数学家们能够构造出任何一点都没有切线的连续曲线.究其原因,犹如 F. 克莱因(F. Klein)所说,这是由于没有任何宽度的抽象的几何曲线与实际所画的那种总有一定宽度的曲线之间所引起的混乱.

其次,我们再考虑平面上一条无重点的封闭曲线,也就是该曲线自身不相交.常识明显地告诉我们,无论这条曲线是什么样的形状,它总是能且只能把平面分为两个不相通的区域.我们也不大清楚常识是如何得出这个结论的,但这次所得之结论却是完全正确的,这就是数学上的所谓若尔当(Jordan)定理.不过这一在常识上是如此明显的结论,在数学上的证明却是非常复杂而困难的.

诸如此类的例子告诉我们,在一些原则问题上,我们不能完全依赖于平时对空间的直观感觉.所以,我们总是设法把几何性质转换为数值的运算.幸运的是,由于解析几何的创建,这种代数化过程得以付诸实现,尽管有时这种过程非常复杂.

7.2　第二阶段:数学专业的学生

在讨论了人类思维的常识问题之后,让我们继而进入科学的领域.我们已经看到,此处有三个方面的工作:(1)证明结果;(2)严格结果;(3)推广这个结果(这是最重要的),也就是前文中已详细说明的中转结果.如所知,这种中转结果的步骤是很重要的,因为这不仅得以肯定前面已经得到的结果,而且还能有效地在下一步推广它,以得到更多的结论.

从心理学的角度介绍中转结果的这些特点,可以帮助我们理解由常识的情况到数学专业的学生的学习情况是如何过渡的.

数学专业的学生在学习过程中经常发生误解和失败是众所周知的,我们来简短地谈谈这个问题.庞加莱曾经十分深刻地阐述过有关问题.但在引用他的论述之前,让我们注意到以下的事实将是有益的:数学家们从事数学研究工作,固然已属发明的范畴;数学专业的学生在解决一个几何的或代数的问题时,实际上也与数学家们的发明具有同样的性质.只是两者在程度深浅和水平高低上有着差距而已.

大家都知道,有许多人无法胜任数学工作,甚至无法学懂数学.这个问题也被庞加莱深入地研究过.他认为主要的问题在于不能真正地理解.

"对于定理证明过程的理解,是不是仅需一步一步地考察证明过程的每一推理步骤,判断一下它们是否正确和符合规则就够了呢?⋯⋯对于某些人来说,事实就是如此,当他做完此事以后,便认为自己已经理解了.

"但对绝大多数人来说,事情并非如此简单,他们还有许多更为苛刻的要求.他们不仅要知道每个证明步骤是否正确,而且还想进一步知道,这些步骤为什么必须这样联结,而不是那样联结.在他们看来,如果对这些证明步骤的安排,依然看不出什么目的性,则就无法相信自己确已'理解'了.

"无疑,他们对自己所追求的东西是说不太清楚的,即他们不能明白无误地说出他们所企求的目标.然而,只要他们尚未彻底弄清,他们就总是含糊地感到其中缺了些什么."

倘若把这个问题与前文所述的一些论点联系起来分析,则就容易理解了.从数学的目的来看,陈述或书写一条数学定理,对其中的每一部分都必须以完全清楚的形式给出,这相当于前文中所说的严格化.从推理的角度看,这样做甚至有一种增强中转结果的倾向.看起来,给初学者以严格清楚的表达形式,似乎是最好的方式.但从这种表达形式中却一点也看不出问题是怎样综合的,而综合的重要性,我们已在前文中说过了:它给我们以线索.也就是说,如果没有综合,人们就会像盲人,想要前进,却又不知该向何方迈步.

综合是"理解数学"的关键所在.庞加莱说,如果没有这种综合,就会出现两种态度.一般的学生持第二种态度,即总感到缺少了些什么,但又不知道缺少的究竟是什么.如果他不能克服这个困难,他就会迷路.

至于庞加莱所指的第一种态度,乃是有些学生从不关心任何综合,只是盲目地做些习题.这些学生的成绩也可以赶上其他同学,甚至还相当说得过去;但若长此以往,他的前景实际上将比上述那种学生更糟,因为前面那种学生至少还知道此处存在着问题和困难.我们常常会碰到这样一种学生,例如我就碰到过这样的考生,他凭着自己的常识(当然,他的数学知识也已比较丰富了),猜到了问题的答案;但他却从不去考虑这个答案是如何得到的.实际上,他也认识不到这一点.其实他的下意识所告诉他的东西,却是很容易给出它的严格证明的.

当然,有时也不全是这样.对于学习微积分的学生来说,最为常见的问题乃是:所引用的种种定理和公式是否恰当? 在应用定理时的种种条件是否满足? 学生们有时会很起劲地研究一个常识告诉他们似乎是十分明显的问题,却又往往忽略了其中应做仔细考虑的细致条件.这也是数学教育中的一个很重要的问题.

7.3 逻辑心理和直觉心理:问题的政治方面

上一段所说的是学生的情况,现在让我们研究数学家本身.数学家不仅能够理解数学,而且还能研究新的数学问题,创造新的数学知识.数学家不仅和普通学生不一样,而且数学家和数学家之间,也存在着深刻的区别.其中的一个主要区别是:有些数学家是直觉型的,另一些数学家则是逻辑型的.庞加莱和德国数学家克莱因都曾研究过这种

区别.庞加莱关于这个问题的讲演的第一段论述是这样的:

"一种类型主要是充斥着逻辑.读他们的著作,我们会被他们一步一步引导着,在信任他们的道路上稳步前进.他们的作风就像战士们一道又一道地挖战壕那样,即不依赖任何机遇地步步逼近被围攻的敌营.另一种类型则是凭借于直觉了.他们能够一下子提出一个敏锐的但有时是冒险的问题,就像一个勇敢而迅猛前进中的骑兵."

而克莱因在谈及这个问题时,甚至把政治也扯进去了.他断定:"当不太高明的纯逻辑意识在拉丁人和犹太人中间发展的时候,一种强烈的自然空间的直觉却成为条顿民族的贡献."但我们将举出一些例子,清楚地表明克莱因的这种断言与事实并不相符.无疑,当克莱因这样论断的时候,他是十分肯定地认为直觉连同它的神秘特点必然是比平凡的逻辑方法高超的(我们已在第三部分中遇到过这种倾向),并且他还不无得意地声称他的民族具有这种优点.近代纳粹分子也起劲地宣扬诸如此类的人种论的观点,可是早在 1893 年,我们就已从克莱因那里听到了这种说法!

我们可用民族主义情绪掺杂其中来解释这种错误的倾向性.第一次世界大战开始时,法国杰出的历史学家和物理学家杜赫(Duhem)在相反的意义上和克莱因一样地犯过这种错误.他在一篇文章中说,德国科学家,尤其是数学家缺乏直觉,甚至随意地将直觉丢弃一边.我很难理解他为什么会这样说,其实德国数学家黎曼就毫无疑问地是一个最为典型的直觉心理类型的人.杜赫 1915 年的说法和克莱因 1893 年的说法,依我看来,同样都是毫无道理的,否则的话,读者就只能认为法国人和德国人都没有做出过什么伟大的贡献了.我在这个问题上想要责备德国数学学派的唯一事情,是他们所持有的一种系统的学究式的主张,这种主张有时甚至不能自圆其说.他们之所以如此,看来主要是受克莱因的影响.他们认为在数学分析的一些证明及其应用中,级数应该比积分更优越.其实更精确地说,使用级数更有逻辑性,而应用积分则更直观一些.显然,这种认识与克莱因的说法是相悖的.也许这种倾向又是受到了民族主义情绪的影响,因为级数曾被杰出的德国数学家魏尔斯特拉斯(Weierstrass)使用过.但他是一位最明显的逻辑主义者,他的声誉和影响在德国同行中是巨大的.而法国的柯西

(Cauchy)和埃尔米特等数学家在处理同一类问题时,却喜欢使用积分(德国的黎曼也喜欢用积分).

7.4 庞加莱的不同观点

我认为庞加莱不把学术问题与政治问题滥加联系的观点是十分明智的.他十分明确地对这种联系表示怀疑,并且为了说明上述两种观点都是错误的,他首先反对了两个法国人,接着又反对了两个德国人.

但在此处,我们就不能像第一至第五部分中那样,完全接受和笃信庞加莱的思想了,现在先摘引他讲演中的第二段论述如下:

"方法并不完全取决于所研究的问题.虽然人们常说这些人是分析学家,那些人是几何学家,但这并不意味着有的人因为正在从事几何问题的研究,就不能保留他分析学家的称号,或者,另一些人由于正在研究纯分析学的问题,就不再称他们为几何学家了.实际上,一个数学家之所以成为逻辑主义者或直觉主义者的决定因素,乃是他们最深刻的心理本质,而不是他们所研究的问题.即使他们接触并开始研究新的不同类型的问题,他们仍然不会把这心理本质丢弃一边."

比较一下前文所引庞加莱讲演中的第一段论述和上述第二段论述,我们该得出什么结论呢?这两段话都对逻辑型和直觉型做了区分,虽然它们也具有某种联系,但其着眼点却完全不一样.

这在庞加莱所阐述的下述例子中可以看得更加清楚.约瑟夫·贝特兰德(Joseph Bertrand)对任何问题都有一个明晰的空间概念,他反对埃尔米特,说他的眼睛似乎"总是避免接触具体的世界",他只追求"内在的,而不是外界的抽象真理".

的确,埃尔米特从不考虑具体的对象,并且十分讨厌几何学,甚至有一次责怪我撰写了几何方面的论文.他自己的几何方面的论文也极少,以致在他全部的工作中不占什么地位.故从庞加莱的第二段文字看来,埃尔米特理应是一位逻辑型的数学家.

但是,埃尔米特真的可被称为逻辑型学者吗?实际上,可以说没有任何别的称谓比这个更直接地与事实真相相悖了,因为他的心里往往是通过某些很神秘的途径而产生出各种方法的,几乎没有什么逻辑可言.他在一次讲演中(我抱着极大的热情去聆听了这次讲演),以他所喜爱的方式开始了他的论述:"让我们从这个恒等式开始……".此时,他正在黑板上写着一个公式,这个公式的正确性是毫无疑义的,但他却既不解释这个公式在他头脑中是如何产生的,也不说明是用什么方法找到这个公式的,我们这些听众更是无从猜测.埃尔米特的这种心理特征在他关于二次型理论的杰出发现中可得到明显的说明.他是如何得到二次型中的那个漂亮结果的呢?可能有两种截然不同的途径.第一种是所谓"归约法",这是自高斯以来就为人们所熟知的一种证明方法,然而仅由这种方法又似乎得不到那个结果;第二种方法是所谓"计算法",这可用以配合第一种方法,但第一种方法却并不能给第二种方法带来什么方便.总之,在埃尔米特那个时代能得到那样的结果几乎是不可想象的,当然,现在通过使用一些技巧是不难得到这一结果了.埃尔米特所给的这种证明方法,直到若干年后才由克莱因给出了几何上的直观说明.但在我阅读庞加莱早期的一个说明之前,我对这一结果一直不是很清楚.这使我肯定地认为:再没有比埃尔米特更具有完美的直觉心理的人了.如果不考虑一些极端的情况(我们在下文还将提到),埃尔米特的例子充分地说明了,庞加莱所给的关于直觉型和逻辑型的第二个定义是不确切的.这一点庞加莱本人后来也承认了.

庞加莱所列举的两个德国数学家是魏尔斯特拉斯和黎曼.他说黎曼是典型的直觉型学者,而魏尔斯特拉斯则是典型的逻辑型学者,这当然是公认的.对于魏尔斯特拉斯,庞加莱曾说,他的全部著作中都没有一张图,但这一点并不符合事实.事实上,只能说在他的著作中几乎没有图形的出现,个别的例外还是存在的.例如,在他关于变分计算基本方法的一本名著中就有一张图.这是一张很简洁的图,而所有的理论都在这张图的基础之上以深刻的逻辑方法向前推进.这正体现了他的特色.每个人只要先看一下那张图,就能一目了然地认识到,只要由此而通过数学的演绎,即可建立起整个理论来.这里有一个初始的直觉,这个直觉构造了那张图.这是一种很了不起的天才方法,因为它打破了惯例,因而这本书给人们留下了十分美好的印象.在无穷小运算发明之后,魏尔斯特拉斯的这种方法愈来愈成功地得到运用. 到了拉格朗日(Lagrange)手中,这种方法在寻找问题的初步结果中取得了很大的成功,而这些结果都是不能轻而易举地取得的.

事实上,如同我们所见到的,逻辑起始于初始的直觉,乃是毋庸置疑的.

7.5 前面资料的利用

现在我们不得不承认,并不存在什么关于直觉和逻辑的简单定义,但这两种数学心理都是确实存在的. 为要进一步说明这两种数学心理,我们要充分地利用以前关于这种心理现象的资料进行分析.

回顾以上的分析可知,所有的精神工作,特别是发现或发明这样一种精神工作,总要辅之以无意识的合作. 但这只是一种表面的、肤浅的、或多或少是含混不清的说法. 其实,正是在这种无意识中(它是由先前的有意识工作激发起来的),存在着一种被激活了的思想,庞加莱把它比作观念原子的发射,它们可以或多或少地向外扩散. 正是这种无意识的运动方式,才使思想得以进行各种组合.

因此,严格地说,几乎不存在什么纯逻辑的发现. 因为即使对于逻辑推理而言,由无意识所产生的直觉也是必要的,至少在初始阶段是必要的.

由此也可直接看出,上面所论及的心理类型在如下几个方面都有所区别:

(1)无意识的深和浅. 如所知,无意识有好多层次,有一些很接近意识,另一些却远离意识. 因此,显然地,思想(或说观念原子)的相遇和组合的层次也有深有浅. 这就有理由认为,对某个具体人来说,他可能习惯在较深的层次上进行工作,而另一些人则可能习惯于在较浅的层次上工作.

很自然地,如果某人习惯在较深的层次上进行思想组合,那么他就偏重直觉型;相反地,如果某人习惯在较浅的层次上工作,那么他就偏重逻辑型. 这种区分两种思维类型的方法,我认为是最重要的.

如果层次较深,把思想组合的结果转移为有意识的认识就比较困难. 所以经常看到这样的倾向,即除非在十分必要的情况下,他一般是不会去做这种转化工作的.我认为埃尔米特就是如此,他的方法是完全正确而严格的,并且不会忽略掉任何本质的东西,但遗憾的是他对自己的思路没有留下任何痕迹.

也会有相反的情况出现,有些人善于将无意识中隐藏得很深的思想不断地转移到意识中去,我认为庞加莱就属于这样一种类型.他的思想往往在一种卓有远见的直觉之中很自然地涌现出来.人们也可看到,确实有这样的逻辑学家,他在有了一个关于某个发明的直觉以后,就能非常合乎逻辑并且详细地说明自己的思想.

(2)主导思想的宽和窄.第二方面,就是庞加莱所说的观念原子的发射面的宽窄程度,如果不用比喻,就是原始思想的散开程度.这是我们得以区别直觉型(他们的思想比较广泛)和逻辑型(他们的思想比较集中)的另一种方法.第二种方法至少初看起来和第一种方法没有什么联系.思想的散开幅度可宽可窄,同时思想也可处于无意识的这一层次或那一层次.起初我们并不能肯定这两种意义上的"直觉倾向"是否独立无关.而在事实上,下文中将要述及的关于伽罗瓦的例子将告诉我们,两者确实是相互独立的.

(3)表示符号的不同.如所知,科学家们在用意象或别的什么表示符号进行思维时也是有所不同的.这种不同或者表现在表示符号的性质上,或者表现在它们对思维的影响上.显然,某些种类的符号对逻辑思维有帮助,而另一些则有利于直觉.但对这个问题很难进行研究,因为不同的心理过程往往难以相互比较.

我们通过一些资料可以初步得知,几何想象往往是在直觉中产生的.有这样一个最明显的事实可以佐证:对一个通常概念的相当完美的组织和综合往往出现在我们的童年时代,即发生在无意识的很深的层次中,而且我们对这个概念的反应极为迅速(所需时间之短,甚至无法度量).从上述(1)的观点来看,这种过程是很自然地适应于直觉型的.

观察一下埃尔米特的情况是极为有趣的.他虽然是一个很典型的直觉型心理学者,但却远离几何学,或者更一般地说,对于具体事物的考虑经常保持着一段距离.这说明表示符号与心理类型的联系还十分复杂.

7.6　数学心理的其他不同点

上面所提及的三条,乃是我们深入考虑了关于数学心理的不同类型之后所得到的几个结论.毫无疑问,数学家们还可从其他各种不同的角度来对数学心理类型加以考察.

比如说,一个多世纪以来,特别是自 19 世纪的索富斯·李(Sophus Lie)以来,群论在科学中的地位越来越重要了.有一些数学家,特别是近代的一些数学家,以其漂亮的发现而丰富了群论;但另一些人(我承认自己也属于这类人),虽也可以做一些简单的运用,但在进一步深入研究群论时,却感到存在着不可逾越的困难.我认为,对于这两种不同的人,心理学上究竟是否存在着差异,确是一个有待于探索的问题.

八　直觉中的不解之谜

存在着某些例外的直觉心理,在这种心理状态下的思想,处于比前文中所论及的无意识层次更深的层次之中,并在这个更深的层次中进行组合,以至于定理证明中的某些重要联系,连定理的发现者自己也不明白.这真是直觉中的不解之谜! 而科学史中还提供了这方面的一些著名的例子.

8.1　费马的工作情况

皮埃尔·德·费马(Pierre de Fermat,1601—1661)[1]是一个行政官员,他是土鲁斯议会的议员.那个时代的社会生活不像现在这样复杂,所以他的工作并不妨碍他研究数学.他除了进行无穷小计算的奠基性工作和概率论的研究之外,还对数论问题感兴趣.他曾钻研过古希腊数学家丢番图(Diophantus)的著作,其中有不少篇是讨论数论问题的.费马死后,人们在他所看过的那本丢番图的书的某页空白处,发现了他用拉丁语写下的一段话:

"将一个立方数分为两个立方数,一个四次幂分为两个四次幂,或者一般地将一个高于二次的幂分为两个同次的幂,这是不可能的.关于此,我确信已发现一种美妙的证法,可惜这里空白的地方太小,写不下."[2]

三个世纪过去了,该定理的证明至今尚在寻找之中,但若那个空白之处稍大一些,费马或许就已把它写下来了.看起来费马并没有错,因为该定理在局部范围内的证明已被发现,即我们若把指数限制在某

①　有的数学史作者认为费马的生卒年月是 1601.8.20—1665.1.12,待考证. ——译者注

②　阿达玛所引的文字明显地经过现代人的加工,不足信.译文引自梁宗巨的《世界数学史简编》第 490 页. ——译者注

个范围中,例如限于不超过 100,则可证明该定理为真.然而,即使如此,其中的工作量也相当大,并且仅限于算术的考虑是不可能完成的,它还需要有某些重要的代数理论的帮助,而这些理论在费马时代还根本不为人知,在费马的文章中也没有出现过这些概念.直到 18 世纪末和 19 世纪初,当一些基本的代数原则被提出来以后,德国数学家库麦(Kummer)为解决这个"费马最后定理"引进了一些全新的概念,这些概念给代数学的发展带来了根本性的革命.然而如同我曾说过的,即便是使用了这些对数学产生如此重大影响的强有力的工具,也只是在局部范围内给出这条神秘定理的证明!

8.2 黎曼的工作情况

关于伯恩哈德·黎曼(Bernhand Riemann,1826—1866)的非常杰出的直观能力,我们已在前文中提到过.他曾更新了人们关于质数分布的知识,同时也在数学领域中留下了一个最神秘的问题.他研究一个以复数 s 为自变量的函数,他证明了这个函数的某些重要性质,又指出了另一些未加证明的重要性质.人们在他的文章中发现了一个注释:"$\zeta(s)$(问题中的函数)的性质是从它们的一个表达式中得到的,但我未能把这个表达式简化到足以发表的程度."

我们至今尚不知晓他所说的这个表达式是什么样子.至于他简要地说到的那些性质,我在前后 30 年的时间中,已经证明了其中几乎所有的性质,但却还有一个最后的问题至今没有解决①.半个世纪来,人们对此耗费了巨大的劳动,虽然在这个方向上也获得了某些极为有趣的发现,但却仍然未能肯定或否定这个黎曼猜想.当然,所有这些后来的补充工作,在黎曼那个时代都是不知道的;因而很难想象,他当时是如何在不使用这些补充工作的情况下而得到这个性质的.

8.3 伽罗瓦的工作情况

最令人惊叹的是艾瓦里斯特·伽罗瓦(Evariste Galois,1811—1831)的悲剧性一生.他年纪轻轻就突然去世,却给科学留下了一座丰碑.当他知道勒让德(Legendre)的几何之后,他的热情即刻被数学迷

---

① 这最后的问题就是著名的"黎曼猜想",也就是希尔伯特 23 个问题中的第 8 个问题,至今仍未获证.——译者注

住了,然而他又被另一种强烈的感情所控制:热烈地献身于共和与自由的理想.因而积极从事法国资产阶级的革命活动,并且很不谨慎,以致两次被捕.但他在 20 岁时就去世的原因,却不是为了革命,而是出于一场荒谬的决斗.

在决斗的前夜,他匆忙地整理了自己的发现.先是扼要地写出了他的那些手稿,这些手稿曾被科学院认为是"不可理解"而被拒绝接收,接着在写给他朋友的一封信中,仓促地写下了另外一些漂亮的论点,同时又在信纸的空白处重复地写上"我没有时间".实际上,他在写这几句话的时候,离他的死亡已经只有几个小时了.

他的那些深刻思想起初不为人们所理解而被遗忘了.直到他死后 15 年,科学家们才开始注意到他那篇曾被科学院拒绝接收的文章,开始认识到伽罗瓦在文章中预见了向更高级代数学的全面转变.他在最伟大的数学家不太注意的领域中放射出最耀眼的光芒,并把代数问题和数学上其他完全不同的分支联系起来了①.

但我们现在所关心的却是伽罗瓦给朋友的信中所提到的另一个问题,即关于某类积分的周期的一个定理.虽然我们现在已对该定理十分清楚了,但在伽罗瓦的那个时代却无人知晓,因为这种"周期"当时还没有定义.它需要用到函数理论的一些知识,所以这个定理直到伽罗瓦死后 1/4 世纪时才被发现.而伽罗瓦竟在给朋友的信中提到这个定理,这就表明:(1)伽罗瓦当时肯定已按某种方法知道了这些知识.(2)这些知识必定在他的无意识中,因为他并没有引用过它们,然而这些知识在实际上就是最重要的发现.

伽罗瓦的情况与我们前文中所提及的两种数学心理类型的区分有很大联系.他使我们想起了埃尔米特.他们都是彻底的分析学家,虽然伽罗瓦是由几何学而开始对数学产生热情的,并且他早在学生时代就写过一篇关于几何性质的论文,这也是他唯一的一篇关于几何学的论文.伽罗瓦高中时的数学教师里沙(Richard)的非凡能力,就是对伽罗瓦的才能的迅速发现.令人奇怪的是,15 年以后,里沙又成为埃尔米特的老师,这当然仅仅是一个巧合,因为这种伟大的天才乃是大自

---

① 这是指他引入了代数群概念而彻底解决了代数方程的根式可解条件问题,并且开辟了群论这个代数学中的崭新领域.——译者注

然的造化,完全独立于任何教育.

　　另外,根据我们的定义(1)(无意识的深和浅),伽罗瓦应该是高度的直觉型学者,但这又不符合定义(2)(主导思想的宽和窄)所说的情况.在我们所提到的给代数重要问题提供了肯定答案的那条著名定理的证明中,我们没有看到思想面的散射痕迹,没有发现多种原则相结合的证据,他的思想集中而不广泛.我倾向于认为,他在决斗前夜写下的那封信中所提到的发明,尽管还不足以说明他的思想的全部特点,也不能全面排除直觉的两个方面的联系,但仍可看出,对于伽罗瓦来说,这两个方面确实是相互独立的.

　　从主导思想的宽和窄来看,伽罗瓦和埃尔米特有着深刻的区别,后者关于二次型的发现是典型的发散型思维.

8.4　庞加莱的工作情况

　　好像还没有人注意到类似的情况曾在庞加莱的《天体力学新方法》(*Méthodes Nouvelles de la Mécanique Celeste*)一书中出现.在该书第三卷第 261 页中,他处理了变分计算,使用了一个等价于魏尔斯特拉斯方法所得结果的极小值的充分条件,但他没有对这一条件给出证明,只说是一个已知的事实.现在我们知道,魏尔斯特拉斯的方法在庞加莱写书时尚未发表,而且他也没有提到任何关于魏尔斯特拉斯的发现,如果他收到任何关于这一发现的私人信件,他一定会提及此事的.另外,这个充分条件在形式上和魏尔斯特拉斯的结论有所不同(虽然在本质上是一致的).总之,我们是否可以这样认为:魏尔斯特拉斯的文章或者类似的观点是从庞加莱那儿得来的,而这个结果却存在于庞加莱的无意识之中.

8.5　历史的比较

　　看了这些例子,我们必须承认,思想的某些部分在无意识之中潜藏得是如此之深,以至于某些重要的环节连自己的意识也无从发觉.这倒使我们想起 19 世纪的心理学家所研究过的双重人格的现象了.

　　甚至在这两种现象(意识和无意识)之间,似乎还存在着一种中间的现象.这使我想起了苏格拉底(Socrates),他的思想常常像是一个熟悉的精灵所告诉他的;还有努玛·彭皮纽斯(Numa Pompilius),也好像是经常同仙女伊格莉娅（Egeria）在一起商量问题.

类似的情况在数学家中也有,比如卡尔达诺（Cardano）,他是著名的汽车接头的发明者,也是给数学带来根本变革的复数的发明者. 让我们回想一下什么是复数. 代数学的规则表明,不论是正数还是负数的平方一定是正数,所以,若要讨论负数的平方根,看来是十分荒谬的. 然而,卡尔达诺却完全不顾这种荒谬性,早在16世纪,就开始认真地研究并计算他的"虚数"了.

人们也许认为卡尔达诺是发疯了,但整个代数和分析,如果离开了虚数,则势必没有今天的发展. 不过我们在这里不要忘记,复数理论被建立在牢固而严格的基础之上,乃是19世纪的事情了.

卡尔达诺的情况十分类似于苏格拉底和努玛·彭皮纽斯. 在卡尔达诺的传记中曾提及,卡尔达诺在生命的某个时刻,似乎听到过一种神秘的声音. 然而遗憾的是在传记中对此未加详细阐明.

九 对数学研究的一般性指导

在试图发现某物或解决某个确定的问题之前,首先会产生这样的问题:我们要发现什么? 我们要解决什么问题?

9.1 关于发明的两个概念

我们在引言中曾述及克拉帕雷德的讲演,他在这个讲演中指出,有两种不同类型的发明.其一,目标已经确定,只是寻找一种方法去实现它,于是我们的心理过程必然是由目标到方法,或者说从问题到答案.其二,已经发现了一个事实,然后再去研究它有什么用途,因而这种心理过程将是从方法到目标,并且答案是比问题先给出的.

上述第二种类型的发明看起来似乎有悖于常理,但这种类型的发明却随着科学的发展而变得越来越普遍.实际应用往往在开始阶段是看不到的,而且我们甚至可以说,整个文明的进程都依赖于这个原则.古希腊人大约在公元前 4 世纪就开始研究椭圆,已经知道椭圆是由平面上满足如下条件的动点 M 所产生的曲线,这一条件是 M 到两个定点 F 和 F' 的距离之和 $MF + MF'$ 总是常数,并且他们还发现了许多有关椭圆的重要性质.然而古希腊人并没有想到,也不可能想到这些发现能有什么用途.可是我们今天可以看到,倘若没有前人的这些研究,开普勒就不可能在两千年之后发现行星的运行规律,而且牛顿也不会发现万有引力定律了.

甚至有些实际的研究成果也有类似的情况.过去气球中充的是氢气或可燃的煤气,但这容易引起燃烧.而现在却用不可燃烧气体给气球充气了,这一过程是由两个阶段完成的.首先是人们发现存在着氢气,却不知道它的替代物;其次是一些科学家精确地测定了氮气的密度是 $1/10000$,而不是 $1/1000$.

这两个例子都表明,有些发明或发现在事先是看不到它的实际应用的.

但又必须强调指出,应用对理论毕竟是有用的,并且终究是本质的,因为它可对理论提出新的问题.实际上,应用和理论的联系,犹如树叶和树干的关系,两者是互相依存的.物理学中的许多重要的例子就不去细说了,仅就希腊科学中占据重要地位的几何学而言,就是直接从实际需要中产生的.这也可从几何学的名称看出这一点,如所知,"几何学"的原意是"大地测量".

实际应用往往是在已有的理论中找到答案的,因而上述一例是例外情形.纯科学发明的实际应用是很重要的,但在实现的时间上却往往十分遥远(当然在近代,这种耽搁的时间已比过去缩短得多了,例如,无线电报是在电磁波发现后不久就出现的).从数学发展的历史来看,重要的数学研究很少是直接起因于实际应用的需要的——它们常常是被某种欲望所鼓动起来的.这种热切地希望去理解、认识和洞察未知世界的强烈欲望,乃是科学研究的动力.所以,对于克拉帕雷德所说的两种类型的发明,数学家常常习惯于后一种.

9.2 选 题

正如上文所说,实际应用往往要经过很长时间之后才会出现,甚至这些应用是发明者本人在世时看不到的.例如,第一个发现太阳大气的主要成分的人,就没有看到不可燃气体的出现.因而我们姑且不论实际应用.然而至少可以断言,数学的发现或多或少地在丰富着理论的成果.

那么,我们应该怎样选取自己的研究课题呢?这种选择对于一个研究工作者来说,乃是至关重要的.人们往往根据选题能力——而且这确是一种可靠的依据——来评估一个科学家的水平.

我们甚至也以此来衡量一个学生的工作能力.学生们常常向我要研究题目,希望得到指导,我也常常给予指导,然而平心而论,我认为这样的学生充其量是第二流的.在其他领域中,例如杰出的印第安学者西尔瓦因·勒维(Sylvain Levi)也持这种观点.他曾告诉我,当他遇到这类问题时,他不得不如此作答:"我的年轻朋友,迄今为止,你学习我们的课程已达三四年之久,难道你从没发现其中有什么问题值得你去做进一步的研究吗?"

然而究竟是什么因素制约着这样重要而困难的选择呢? 这就像庞加莱所告诉我们的关于发现的意义那样,我们所必须遵循的准则就是科学的审美感. 这是一种特殊的审美感情,其间的重要性早已被庞加莱所指出.

这也正如雷兰(Renan)所用的一种奇怪的比喻:我们感到此处有一种科学的气息,这和文学艺术家们感到有一种文学的或艺术的气息非常类似. 而感觉这种气息的精细程度则因人而异.

若要问及研究工作的未来是否能产生卓有成效的结果,严格地说,我们对此真是一无所知,但审美感是可以告诉我们的. 除了美感以外,就看不出有任何东西能够帮我们去做预见了. 至少我这样认为,对这个问题如果还有什么要争论,那也只是词语之不同用法而已. 既然对未来的后果一无所知,那么只有凭感觉进行判断了:如果我们感到某个问题本身是有趣的,并且研究的结果对于科学将是有意义的,那么就不必考虑这一研究今后是否会有什么应用的价值,即可肯定这是一个值得研究的方向. 对于所说的这种感觉,你可以称之为美感,也可以不称之为美感,这一点无关紧要. 例如,希腊几何学家之所以研究椭圆,可以说除了这种美感之外,再没有其他动力了.

至于实际应用,虽说完全不能预见,但我认为,只要一开始的感觉是对的,则就可以肯定它在今后会有实际应用价值的. 在此,我将举出一两个自己的例子. 很抱歉,我又一次说到了自己,因为我对此感触极深.

当我送审自己的博士论文时,埃尔米特曾认为,如果能找到应用,那么论文的结果可说是最好不过的了. 但在当时,我并没有找到应用. 然而就在论文通过之前,我想到了一个与黎曼函数 $\zeta(s)$ 有关的重要问题,这一问题当时是法国科学院的一个悬奖项目,而后我就应用自己博士论文中的结果给出了这个问题的答案. 在此必须指出,当时我就是单凭自己对该问题感兴趣而去研究它的,并且这种感觉又确实把我引向了正确的途径.

几年之后,我在研究一个同类型的问题时,得到了一个简单结果,我认为这是一个很不错的结果,若用术语来说,它叫作"复合定理". 我把此事告诉了我的朋友杜赫,他问我这一结果有什么用处,然而我却完全没有想到这一点. 杜赫是个引人注目的艺术家,同时又是杰出的物理学家. 他把我比作一个画家,说我已经做好了一幅画,应该再添上一些景色,然后再走到野外去寻找适合这幅画的风景. 这一评论看来是正确的,但在事实上,我认为根本不必由于担心它能否有什么应用价值而外出到处寻找,应该相信这些结果迟早会有实际应用的.

若干年之前,也就是 1893 年,我曾被一个关于行列式的代数问题所吸引. 当我解决了这个问题的时候,我根本没有去想它会有什么用处,只是感到这个问题是十分有趣的. 后来,到了 1900 年,出现了弗雷德霍姆定理(这就是我在第四部分中所说过的那个自己未能发现的定理),而我在 1893 年所得到的那个结果,对于该定理的发现是起着十分基本的作用的.

然而,令人惊奇的——甚至可以说是令人大惑不解的——却是与现代物理学中的那些非凡发展有关的若干事实. 法国第一流的数学家É. 嘉当(É. Cartan)在 1913 年考虑了一个与理论有关的、著名的分析与几何的变换群. 在当时,除了它的非凡美感之外,根本没有人想到它会有什么用处. 但在 15 年之后,物理学家发现了关于电子的若干异常现象,而这些异常现象竟然只有用 É. 嘉当的理论才能做出合理的解释.

还有一个更典型的例子,就是现代泛函的运算. 1696 年,当约翰·伯努利(Johann Bernoulli)提出"最速降线"问题(求使物体从 A 点落到 B 点所费时间最短的路线)时,他也仅仅是被问题的美感所吸引[①]. 这一问题虽然也可以用无穷小计算去解决,但在后来却由此而提出了一种全新的思想,以至引起了一个新的数学分支的诞生,这就是变分法. 众所周知,变分法后来又极大地改善了力学中的计算. 须知在伯努利的时代,所有这些都是无法预见的.

更令人惊奇的事情是在 19 世纪末期,主要由佛尔太拉(Volterra)的工作中所出现的一些新概念,经过推广而导致泛函分析的形成. 为

---

① 原文的时间和人名都有误,据梁宗巨《世界数学史简编》订正. ——译者注

什么这位杰出的意大利几何学家会像无穷小计算那样去进行函数的运算,也就是把函数本身视为某个空间(函数空间)中的一个元素?在此也仅仅因为他已经意识到这是建造数学大厦的一种协调方法.就像一位建筑学家突然发现,如果在他所设计的建筑物上再增添一个侧厅,那就会显得更加匀称一样.现在人们或许已经认识到,这种协调方法的创造能够帮助我们解决前面所论及的"最速降线"问题了,但在当时,这个"泛函分析"(如同我们现在对这个新概念的称呼那样)是绝不会被人们认为和实际有什么联系的.完全相反地,大家认为这是近乎荒谬的概念.当然,从本质上来说,泛函分析似乎只是数学家们纯抽象的创造物.

有许多数学概念,过去只有很熟悉高等数学的人才能理解它,而一般人都认为是不可理解和不可接受的荒谬东西,但到了现代物理学家的思想中,在近代波动力学的理论中,这些概念都已成为研究物理现象时所必不可少的数学工具了.还有许多过去用"数"来定义的可观察的物理量,诸如压强和速度等,今天却都以泛函来重新定义了.

所有这些例子,都充分地回答了沃拉斯对于"美感是发现的动力"这一命题的质疑.在数学领域中,看来美感几乎是唯一有用的动力.

我们在此又一次看到,思维的主导者总包含着感情的因素.我们在第四部分中所说的在连续工作的情况下,思维的认真和严肃态度的重要性,也是感情因素对思维影响的一种特殊情况.

我们在此再次有意识地明确指出,灵感中的选择也是由美感所决定的,而所说的这种灵感是在无意识中产生的.

9.3 关于独创的欲望

是否还存在其他因素影响着我们的研究方向呢?

正如德·索朗博士所指出的,激情也往往是发明创造的动力(他曾给我讲过心理分析的创造者弗洛伊德的典型例子).然而,这种情况在数学领域里却较少出现,原因在于数学有它的高度抽象性.这里有伯特兰·罗素(Bertrand Russell)的名言作证,他说,对于数学,"我们永远不会知道我们说了些什么,也不知道我们说得是否正确."

德·索朔博士还提出过这样的疑问:发明创造是否仅由人类的虚荣心驱使,即只是出于一种标新立异的欲望?

我认为这在文艺领域中是可能的.确切地说,这也未必只是追求虚荣的问题,因为对艺术家来说,如何做得和别人不一样,乃是必然要考虑的问题.当然,这种情况也并不适用于那些真正杰出的人物.例如,我们从莫扎特的信中即可看出,他就没有去考虑什么是独创的问题.但在某些美术学派或文学家那里,当他们阐明某个个人的作用或创作心理的奇怪方式时,人们依然会问,是否存在着这种因素呢?

我们看到一定数量的诗人或艺术家往往很反常地进行创作,从中我们不难看出他们的虚荣心.沃拉斯就指出过这样的例子,但他认为,某种程度的异化心理对艺术家而言是有用的,因为艺术家总希望冲破传统思想的束缚.另外,我们又常听过诗人能在梦中作诗,但这在数学领域中却是很少发生的.

如前所述,科学家对于他所发现的真理来说,只是奴仆,而不是主人.事实上,每一个结果,或者每个已知问题的获解都会产生新的问题,从而科学家所考虑的每个问题都必须是真正的独创,但这并不是艺术上的那种稀奇古怪的独创,事实上在科学中也找不出这种稀奇古怪的例子.

科学家并不担心这样或那样的问题已被解决,只是担心自己不知道某些问题已经获解,以至于自己的研究重复别人的结果而失去意义.科学家也希望自己的研究成果能够经得起时间的考验.我自己常出现如下的情形,即在开始研究某个问题后,发现别人也在研究这个问题,于是我就放弃了原来的研究而转向其他问题.有的物理学家曾告诉我,当代物理学界的一些杰出人物也是这样做的.

梭里奥显然是由于没有研究科学家的实际情况,才会认为科学家之所以渴望做出一些重要的发现,乃是为了"引起众人的注意",或者是为了"争得一个肥缺".我也承认某些人可能会有这种思想,然而这种思想只会松懈他的意志.虽然科学家安培曾为消除夫人的焦虑而安慰她说,著作出版之后可使自己谋得一个教授的职位,但这绝不会是促使他去做出发现的动力.我也未曾看到过仅以谋取教授职位作为指导思想,而做出有意义的成果的科学家.事实上,在这种指导思想之下,也就做不出什么真正有价值的成果.一个人如果没有热爱科学事业的品质,就绝不会取得成功;无论是在选题上,还是在深入研究自己的论题上,都不会取得真正的成功,甚至可以说他根本不能正确地选题.

结束语

至此,我已根据自己在数学发明工作中的体会,以及对我所收集到的一些学者在这方面的经验和研究心得,向读者们做了如上的总结和汇报.但在这个问题上,依然还有许多重要的方面未能论及,特别是那些已经接触到的"客观"方面.例如,在发明思想和个体知觉之间或许存在着什么联系(这种思想多少有点类似于加尔的说法),但又怎样深入地去研究这个问题呢? 显然,这需要比我更为合格的人去进行这项研究,就是说,他必须比我具有更多的大脑生理学知识.但我早就在前文中指出,一方面,数学家们通常不甚了解神经学,另一方面又不能指望神经生理学家会深入地研究数学(但这又是进行上述研究所不可少的),因而在此遇到了真正的困难.为此,可否让数学家们更多地掌握一些大脑生理学知识,而让神经生理学家们更多地了解一些数学,以使他们之间的合作能够更加富有成效?

同样地,社会和历史的因素对于数学发展究竟有些什么影响? 这种影响是否与它对其他方面的影响相同? 对此,我都不敢妄加评论.甚至对于这种影响的方式,或者每个人是否都要受到这种影响等,我都不甚了解.然而泰纳曾在他的《艺术的哲学》(*Philosophie de l'Art*)一书中讨论过这件事.当然,还有另外一些学者都曾做过这方面的研究.尽管在他们的这些研究成果中闪烁着才华,但我却认为他们的结论尚不成熟,其中人为假设的色彩较浓.实际上,这种研究中所包含的深刻困难是很明显的;我们不仅不能对此进行试验,而且具有伟大发明才能的学者又是如此稀少,以至于无法对他们进行广泛的比较.从而社会和历史的因素对于数学发展的影响,要比对于文学和艺术的影响显得更为神秘.克莱因曾把高尔顿的遗传学思想应用到区分思维的直觉型和思维型上,甚至应用到对于数学的一般态度问题和各种心理状况的具体表示问题上,也许他的这种应用性研究是正确的,但事情绝不像泰纳学派所说的那么简单.须知,在文艺复兴时代,特别是在意大利,曾经一时涌现出诸如达·芬奇(Leonardo da Vinci)和伽利略(Galilei)等的杰出人物,这当然不是一种偶然现象,然而泰纳对于此种非凡现象的解释却是不能令人信服的.

当然,在我们只考虑个别情形时,事情要简单些.在这里,我想起了卡尔达诺的情况,他是那个非凡时代的非凡人物之一.他之所以能做出那些完全是狂热的想象所产生的、而不是逻辑因果的发现,究竟是何原因?——而且我们知道,这种发现可以说是照亮了整个数学.实际上,他从小就充满了种种狂热的幻想,以至于他被罗姆布诺梭(Lombroso)选中,并作为他的《天才人物》(The Man of Genius)一书中的"天才和疯子"这一章的典型例子.如果从理性的观点来看他的冒险生涯,那是不能对之大加称赞的,但从其中却可看出他的惊人发现并非偶然,而是意料之中的事情.

如果我们不讨论这种特殊情形,那么,被我们视为给研究工作制造障碍的种种不寻常特征,就将被排除在通过反省得到的丰富资料之外.如若这样处理问题,那我们就可能会怀疑这些资料能否为我们说明心理学领域中的其他现象,诸如第六部分中所考察的种种情况,在意象的作用问题上,就都具有泰纳所考虑的某些共同特点,然而若用上面所说的那种不讨论特殊情形的处理办法,我们究竟能否获得这些共同特点呢?

总之,我们所观察到的在发明过程中所出现的种种情况,即使是上述的这种或那种奇异的发明过程中的种种情况,一般说来,都将在心理学的研究工作中放射光芒.

附　录

附录 I　对数学家工作方法的调查表

[原载于法文《数学教育》杂志第 Ⅳ 卷(1902)及第 Ⅵ 卷(1904)]

1. 在您的记忆中,您是从什么时候开始,并在怎样的环境中开始对数学产生兴趣的? 您现在是否仍然对数学有兴趣? 您的直系祖先或家庭成员(兄弟、姐妹、叔伯、堂兄弟等)中,谁的数学特别好? 他们对您爱好数学有些什么影响和示范作用? 这种示范作用和影响的程度又有多大?

2. 您目前感到哪一个数学分支对您特别有吸引力?

3. 您是对纯数学更有兴趣,还是对数学在自然现象中的应用更有兴趣?

4. 您能否准确地记得,当您不再专注于自己的研究工作,而在消化和吸收别人的成果时,有些什么样的工作习惯? 您能否就此而提供一些具体资料?

5. 当您学完了正规的数学课程(例如,相当于取得学士或硕士学位)之后,您觉得自己应该在哪个方向上继续研究更好一些? 在撰写和发表某些成果之前,您是首先努力地获取有关方面的全面而广泛的知识呢,还是首先试图相当深入地进入某一专门的分支,甚至只研究那些为了实现目标而必需的专有知识,然后再去一步一步地扩展自己的研究范围? 或者您所使用的是除此而外的其他方法,那么您能否根据自己所使用的方法做一简略的说明? 在几种不同的方法之中,您最喜欢使用哪一种?

6. 在您已经发现的那些定理和您认为最有价值的那些成果中,您是否试图确定过它们的起源?

7.您认为数学发明过程中出现机遇或灵感的规律是什么？这种规律是不是很明显？

8.您是否偶尔地注意到，一个问题的解决办法是突然出现的，而且和它正在进行的研究毫无关系，或者相反地，它和您以前的失败有着某种联系？

8 a.（""为《数学教育》第Ⅵ卷中加上的问题——原注）您是否经历过睡眠状态中继续工作或于睡梦中获得问题答案的情景？另外，您是否经历过如下的事情：一个十分意外的发现，它正是您前一天冥思苦索地寻求而又未能得到的答案，是在您次日清晨醒来时突然出现在您脑海中的？

9.您的最重要的发明，是您在一个确定的方向上苦心经营的结果，还是某种自发地产生的结果？

10.当您在某篇文章中发现了一些问题并且得到某些结果的时候，您是立即把这些结果作为您的一部分工作而正式成文呢？还是暂时地把这些结果积累在您的笔记本中，直到内容足够丰富之后才把它们正式整理成文？

11.一般而言，您认为阅读文献对于数学研究有多大的重要性？在这一点上您对那些已经受过经典教育的年轻的数学家们有何忠告？

12.您在开始某项研究工作之前，是不是首先想要吸收和消化一下有关课题上已有的结果和内容？

13.或者相反地，在您开始某项研究之前，您是否首先让自己的思想无拘束地考虑问题，直到最后才去阅读有关课题的种种论述，而且只是为了核对一下自己在本课题的研究工作中究竟做出了哪些贡献？

14.当您着手处理某一论题时，您是不是首先对一些具体问题去做尽可能广泛的研究？或者说，您是否首先研究种种具体的特殊情形，然后再逐步地扩充和拓展？

15.您认为发明创造的方法和以后进行写作和修改的方法有哪些区别？

16.在完成一项工作的整个过程中，您的工作方法是否前后一致而不分阶段？

17.在重要的科学研究过程中，您通常是稳步而不停顿地一竿子到底呢,还是有时离开这个课题,过一段时间再回过头来研究它?

18. 您认为一个另有其他工作的数学家,如果要在数学的某个分支中有效地进行工作,那么他每天、每个星期或每年至少要从事多少个小时数学工作? 您是否认为在可能条件下,每天都应从事一段时间(比如说,一个小时以上)的数学工作?

19. 您认为诸如音乐或诗歌之类的文艺消遣是有碍于您的数学发明呢,还是由于能使大脑得到暂时的休息而有助于您的数学发明和创造?

19. a. 除了数学之外,您有哪些业余爱好? b. 您对形而上学问题、伦理道德问题和宗教问题等是否有兴趣?

20. 如果您承担了讲课任务,您将如何处理授课和研究工作之间的关系?

21. 您将献给那些年轻的数学研习者以什么样的简短忠告? 又对那些已经完成了通常学业,并准备献身于科学事业的年轻数学家而言,您有哪些忠告?

关于日常习惯的一些问题

22. 您是否相信,如果一个数学家能遵守诸如饮食和休息时间等有关卫生学的规则将是有益的?

23. 您通常认为每天必需的睡眠时间是几小时?

24. 您是否认为一个数学家做些其他事情或进行与自己的体力和年龄相适应的体育锻炼是有益的?

25. a. 或者相反地,您是否认为一个数学家应该整天都是全神贯注地致力于自己的研究,只有当此项研究工作告一段落之后,才可安排一段时间彻底休息? b*. 您是否有过这样的体验,即工作中的沮丧情绪和灵感丰富的激情之间的相互交替具有一定的周期? c. 您有没有注意到这种相互交替是有规律地发生的? 如果是的,那么大致说来,您的惰性周期和兴奋周期各有多长? d. 一些物理或气象的条件(例如温度、光线、季节等)对您的工作能力是否产生明显的影响?

26. 您是否喜爱进行体育锻炼? 您是否喜欢从其他脑力活动中得到放松?

27. 您喜欢在早晨工作还是在晚上工作?

28. 如果您获得了一段休假时间,您是以研究数学去度过假期吗?(如果是这样,那么是在多大的范围内去做数学研究),还是在整个假期中彻底休息?

最后的附注[*]

当然,可能还有许多其他方面的询问细目,例如:

29. a. 您认为工作时站着好,还是坐着好,甚或是躺着好? b. 您认为是在黑板上书写好,还是在纸上书写好? c. 外界噪声达到多大程度就开始扰乱您? d. 您在步行或乘火车时能否继续思考问题? e. 您的工作效率是否受到镇静剂或刺激物(如烟草、咖啡等)的影响?

30[*]. 下述各种材料对于心理学的研究是很有帮助的,如弄清内省的图像或意象;数学家们经常使用哪些"内省词";根据不同的研究对象,其"内省词"是语言的还是形象的;它们是活动的,还是静止的;甚或是两者兼有而混合一体的?

如果有人能对上述问题提供自己十分熟悉而又已经去世的数学家的情况,我们请求他立即提供这些有关资料. 这样,他就对数学和数学史的发展做出了重要的贡献.

作者补记

上述问题 30 涉及我们在第四部分中所做的讨论. 实际上,认真地讨论这个问题是十分重要的,而且这种讨论应该从下述两个方面来进行,其一是通常的思维活动,其二是研究和发明时的思维活动. 此外,对于问题 30 还可做如下的有益补充.

31. a. 特别地,在研究工作的思维活动中,意象或内省语言是出现在全意识之中,还是出现在意识边缘中? b. 或者说,这种意象或内省语言是否可以符号化?

附录Ⅱ 爱因斯坦教授的一封信

关于上述研究课题和第六部分中所处理的主要内容,作者已经收到几位学者的复信,他们对于所提问题的回答都是很有价值的. 但其中有一封信特别重要,这不只是因为该信的作者名声显赫,而且还因为该信所论及的内容相当全面而又态度严谨. 让我们为此信而感谢伟大的科学家阿尔贝特·爱因斯坦! 现将该信内容复述如下①.

亲爱的同事:

　　我将尽可能简洁地回答您所提出的问题,但对这些回答,我自己并不感到完全满意. 如果这些回答能对您所进行的这项十分有趣而又异常困难的研究工作有所裨益的话,那么我将乐意回答您更多的问题.

　　(A)无论是在写作的时候,还是在论述的时候,所使用的单词或语言对于我正在进行的思维活动几乎不起丝毫作用. 作为思维元素的心理实体只是某些符号,以及时而清楚时而模糊的意象,它们可以"自愿地"再生和复合.

　　当然,在这些思维元素和有关的逻辑概念之间也存在着某些联系,我们清楚地知道. 我们必须从上述含糊的思想元素中获取清晰的、符合逻辑的思想. 但从心理学的观点来看,这种含糊的思维过程乃是产生新思想的最重要的一步,在用语言或其他符号把思想清楚地、合乎逻辑地表达出来,以便与众人交流之前,这一阶段是必不可少的.

　　(B)对我来说,上面所说的思维元素是形象的,并在这种思维过程中,往往还伴随着一些无意识动作. 只有当这种思维的前因后果已为我所完全确定,并能再现的时候,我才去努力寻找表达思想的语言或符号.

　　(C)前面所说的那种第一阶段的思维,乃是为了达到正在寻求的、合乎逻辑联系的思想阶段而进行的.

　　(D)当我刚刚听到别人谈话的时候,所感觉到的只是一种纯粹的声音而已;只有当我进入上面所说的第二阶段时,我才开始理解别人的意思,在我的大脑中出现形象和思维活动.

　　(E)您所提及的全意识,对我来说,乃是一种永远不可抵达的极限情况,这似乎就是所谓的"意识狭窄性".

　　又及:马克斯·沃塞墨尔(Max Wertheimer)教授曾经

---

① 信中之(A)(B)(C)是针对附录Ⅰ中的问题 30 而论的,由于我还问及不属研究思维范围,而是日常思维的心理类型问题,所以该信中有(D)的内容. 另外,(E)是针对问题 31 而论的.

试图研究那些能够再生的基本思维元素①之间的初步联合和紧密组合之间的区别,还去研究种种"理解"之间有些什么不同之处,但我却看不出他的心理分析究竟在多大程度上抓住了要害.

谨致问候……

阿尔贝特·爱因斯坦

读了这封信,可知爱因斯坦教授思维中的现象与我们在第四部分中所论及的现象在本质上是互相类似的,只是在一些细节上有些不同.但有一个重要而又引人注目的不同之处,这就是上述(E)中关于意识和意识边缘的作用问题,爱因斯坦教授将这种不同归结为"意识狭窄性".当然,如果我们不在乎讨论范围过于广泛的话,"意识狭窄性"本来也可以成为第一部分所要讨论的论题.顺便指正,该问题可在威廉·詹姆斯的《心理学》一书的第八章第 217 页上找到.

附录Ⅲ 无穷小运算的发明

除了帕斯卡的情况(见第四部分)以外,尚有一些其他方面的类似情况也在科学史上发生过. 现代史上最为著名的例子莫过于无穷小运算的发明了.

赫拉克里图(Heraclitus)关于任何物质都可视为处于变易状态,或者说处于自身之连续变化中的深刻思想,可以说在中世纪之前是根本不被人们所理解的.实际上,这种深刻思想直到 14 世纪之后,才被中世纪最伟大的思想家之一的尼古拉·奥雷斯默(Nicole Oresme)首先理解,而且他已注意到一个量在极大值或极小值附近增减速度最为缓慢.但他的这个重要思想的意义却未被任何人(甚至包括奥雷斯默本人)所认识,他们都没有认识到这是一种大有发展的基本思想.

三个世纪之后,相同的原则再次被约翰尼斯·开普勒加以阐述,然而开普勒也未能比奥雷斯默更加前进一步,发明依然滞留于半途之中.

这一原则直到费马的手中才获得数学的表现形式,费马在有些例子中使用了一种数学运算,使得问题中的变量达到极大值或极小值

---

① 观念原子.——译者注

时,其计算结果为零.基于同样的方法,他找到了他的同时代人所考虑的某些曲线的切线.

上述费马所使用的数学运算,正是人们在今天所称之为"微分"的运算.那么,能否就此而像许多人所主张的那样,认为费马发明了微分呢?我们认为在某种意义上,应该做出肯定的回答,理由在于费马已将这种数学方法应用到各种问题上,甚至指出了这种方法还能进一步应用到其他类似的问题上去.但在另一种意义上,又应做出否定的回答,因为他并没有把这种方法上升为能解决一整类问题的普遍原则,同时也未能提出任何值得进一步研究的新概念.按照庞加莱的说法,就是此物已或多或少地发明了,但还不是一种从完全含糊到完全明朗的彻底的发明.或者说费马仅仅完成了取得原则思想这样一个步骤,然而更加重要的另一步(即使再不需要其他步骤),乃是给出这种原则思想以某种精确的形式,并把它推进到能做进一步研究的起点.但这后一步骤的工作是由牛顿和莱布尼茨完成的.

然而微分学还不是无穷小运算的全部,其中第二个分支是积分学.积分学的基本运算是求平面曲线所围成的面积,其中也蕴含着深刻而又完全未知的发现.实际上,积分运算乃是微分运算的逆运算.究竟是谁做出了积分运算这一重要而又困难的发现?在微分学的发展阶段中,有关积分学的某些零散知识已被知晓.托里拆利和费马(或许还有笛卡儿,尽管比较可疑)曾使用了相当接近于上述原则,而又与之有根本不同的方法.我甚至还要提到牛顿的老师巴罗(Barrow),在他的《几何讲义》的第 10 讲第 11 节中,实际上已经给出了等价于上述原则的基本内容.除笛卡儿外,托里拆利和费马都处理过一些特别的情况,这些情况的某些性质中已经隐藏着这种一般原则的思想,而巴罗对于这一原则的真实意义的认识已被隐藏在他所给出的切线概念中.

就此而论,奥雷斯默、开普勒和费马就都不能被认为是微分学的发明者,因为他们都未能继续发展他们的那些原始的丰富思想.

我们可以从科学的历史发展中看到心理学因素在创造发明中的地位,这也可以帮助我们正确地理解这样一种常被视为很难评价的问题:这就是人们常常把某种发明归结为某个伟人的作用,然而我们仍然要问,究竟谁是这样或那样发明的真正发明者?

人名中外文对照表

B. O. 库普曼/Koopman

É·嘉当/É. Cartan

G. 波利亚/pólya

J. 特普勒/J. Teeple

K. 弗里德里克斯/
　　K. Friedrichs

阿贝拉尔/Abelard

阿基米德/Archimedes

阿佩尔/Appell

埃米尔·法盖/Emile Fageut

艾尔弗雷德·比内/Alfred
　　Binet

艾尔弗雷德·富耶/Alfred
　　Fouillée

艾瓦里斯特·伽罗瓦/
　　Evariste Galois

爱因斯坦/Einstein

安德烈·布洛奇/André Bloch

安德烈·梅耶/André Mayer

安培/Ampère

奥斯特瓦德/Ostwald

巴罗/Barrow

贝克莱/Berkeley

波尔兹曼/Boltzmann

波朗/Paulhan

伯恩哈德·黎曼/Bernhand
　　Riemann

伯特兰·罗素/Bertrand
　　Russell

布鲁克/Brücke

查尔斯·尼科尔/Charles
　　Nicolle

达·芬奇/Leonardo da Vinci

达布/Darboux

德·拉·里韦/dela Rive

德·索朔/de Saussare

德拉克/JDrach

德威尔绍夫/Dwelshauvers

狄利克雷/Dirichlet

迪克森/LEDickson

笛卡儿/Descartes

蒂奇纳/Titchener

丢番图/Diophantes

杜赫/Duhem

多诺/Daunou

菲希特/Fichte

费洛尔/Ferrol

冯·哈特曼/Van Hartmann

佛尔太拉/Volterra

弗兰西斯·高尔顿/Franis Galton

弗雷德霍姆/Fredholm

弗卢努瓦/Flounoy

弗洛伊德/Freud

伽利略/Galilei

伽罗瓦/Evariste Galois

高斯/Gauss

格拉哈姆·沃拉斯/Graham
　　Wallas

豪斯曼/Housman

赫德/Herder

赫拉克里图/Heraclitus

亥姆霍兹/Helmholtz

黑格尔/Hegel

霍布斯/Hobbes

加尔/Gall

杰西·道格拉斯/Jessie
　　Douglas

卡尔达诺/Cardano

开普勒/Kepler

康德/Kant

柯西/Cauchy

科勒/Köhler

克莱因/Klein

克劳德·伯纳德/Claude
　　Bernard

克劳蒂·勒维-施特劳斯/
　　Claude Levi-Strauss

库麦/Kummer

拉格朗日/Lagrange

拉马丁/Lamartine

莱布尼茨/Leibniz

莱维·西维塔/Levi Civita

郎之万/Langevin

勒让德/Legendre

雷兰/Renan

雷米·德·戈蒙特/Remy de
　　Gourmout

黎曼/Riemann

里奇/Ricci

里沙/Richard

路易·拉皮克/Louis Lapicque

罗伯特·维纳/Norbert Wiener

罗曼·雅各布森/Roman
　　Jakobson

罗姆布诺梭/Lombroso

罗亭/Rodin

洛克/Locke

洛伦兹/Lorentz

马克斯·米勒/Max Müller

马克斯·沃塞墨尔/Max
　　Wertheimer

马耶/Maillet

迈尔斯/Myers

莫比乌斯/Möbius

莫扎特/Mozart

尼古拉·奥雷斯默/Nicole
　　Oresme

牛顿/Newton

努玛·彭皮纽斯/Numa
　　Pompilius

欧几里得/Euclid

欧拉/Euler

帕斯卡/Pascal

潘勒韦/Painlevé

皮埃尔·布特鲁/Pierre
　　Boutroux

皮埃尔·德·费马/Pierre
　　de Fermat

皮埃尔·雅内特/Pierre Janet

皮卡尔/Picard

蒲丰/Buffon

乔治·伯克霍夫/George
　　DBirkhoff

乔治·康托尔/Georg Cantor

若当/Jordan

舍林/Schelling

圣·奥古斯丁/St. Augustinus

斯科彭豪尔/Schopenhauer

斯潘塞/Spencer

斯坦利/Stanley

斯特林/Sterling

苏格拉底/Socrates

索富斯·李/Sophus Lie

泰纳/Taine

威廉·哈密顿/William
　　Hamilton

威廉·詹姆斯/William James

魏尔斯特拉斯/Weierstrass

沃利斯/Wallis

伍德/Wood

西尔瓦因·勒维/Sylvain Levi

希德维克/Sidgwick

希尔伯特/Hilbert

亚里士多德/Aristotle

伊壁鸠鲁/Epicurus

伊格莉娅/Egeria

英格里斯/Ingres

约翰·伯努利/Johann
　　Bernoulli

约翰·斯图尔特·米尔/John
　　Stuart Mill

约瑟夫·贝特兰德/Joseph
　　Bertrand

詹森/Jensen

数学高端科普出版书目

数学家思想文库

书　名	作　者
创造自主的数学研究	华罗庚著;李文林编订
做好的数学	陈省身著;张奠宙,王善平编
埃尔朗根纲领——关于现代几何学研究的比较考察	[德]F.克莱因著;何绍庚,郭书春译
我是怎么成为数学家的	[俄]柯尔莫戈洛夫著;姚芳,刘岩瑜,吴帆编译
诗魂数学家的沉思——赫尔曼·外尔论数学文化	[德]赫尔曼·外尔著;袁向东等编译
数学问题——希尔伯特在1900年国际数学家大会上的演讲	[德]D.希尔伯特著;李文林,袁向东编译
数学在科学和社会中的作用	[美]冯·诺伊曼著;程钊,王丽霞,杨静编译
一个数学家的辩白	[英]G. H.哈代著;李文林,戴宗铎,高嵘编译
数学的统一性——阿蒂亚的数学观	[英]M. F.阿蒂亚著;袁向东等编译
数学的建筑	[法]布尔巴基著;胡作玄编译

数学科学文化理念传播丛书·第一辑

书　名	作　者
数学的本性	[美]莫里兹编著;朱剑英编译
无穷的玩艺——数学的探索与旅行	[匈]罗兹·佩特著;朱梧槚,袁相碗,郑毓信译
康托尔的无穷的数学和哲学	[美]周·道本著;郑毓信,刘晓力编译
数学领域中的发明心理学	[法]阿达玛著;陈植荫,肖奚安译
混沌与均衡纵横谈	梁美灵,王则柯著
数学方法溯源	欧阳绛著
数学中的美学方法	徐本顺,殷启正著
中国古代数学思想	孙宏安著
数学证明是怎样的一项数学活动?	萧文强著
数学中的矛盾转换法	徐利治,郑毓信著
数学与智力游戏	倪进,朱明书著
化归与归纳·类比·联想	史久一,朱梧槚著

数学科学文化理念传播丛书·第二辑	
书　名	作　者
数学与教育	丁石孙,张祖贵著
数学与文化	齐民友著
数学与思维	徐利治,王前著
数学与经济	史树中著
数学与创造	张楚廷著
数学与哲学	张景中著
数学与社会	胡作玄著

走向数学丛书	
书　名	作　者
有限域及其应用	冯克勤,廖群英著
凸性	史树中著
同伦方法纵横谈	王则柯著
绳圈的数学	姜伯驹著
拉姆塞理论——入门和故事	李乔,李雨生著
复数、复函数及其应用	张顺燕著
数学模型选谈	华罗庚,王元著
极小曲面	陈维桓著
波利亚计数定理	萧文强著
椭圆曲线	颜松远著